FAB 銷售法則

高 EQ 讓商品快速增值

金文 著

主動關心 × 聆聽抱怨 × 親身示範 × 解除疑慮
那些顧客沒說出口的話,身為業務員不可忽視!

Features Advantages Benefits

▶「熱心」介紹卻嚇跑客人,太積極反而弄巧成拙
▶ 眼神和手勢都是暗號,讀懂顧客的「潛在需求」
▶ 聽到「我不用」別放棄,先看看對方的表情語氣

一個不會看人眼色的業務,縱使態度良好也無法提升績效;
高 EQ 銷售術「精準猜心」,忠實客戶是培養出來的!

目 錄

前言 PREFACE

「39%」 ………………………………………… 011
「業務人員的表現」 …………………………… 011

第一章　一個動作，一個眼神牽動你的心──高 EQ 帶你找到顧客的「言外」資訊

眼神，不可忽視的無聲語言 ………………… 016
不同的笑容都蘊含著深意 …………………… 018
察言觀色，做好有傾向性的介紹 …………… 019
優秀業務定能破譯顧客的肢體語言 ………… 021
手勢是最容易溝通的語言 …………………… 024
站、立、行，身體語言會說話 ……………… 026
透過仔細觀察和深入分析來打動顧客 ……… 028
打動內向型顧客的法寶是真誠 ……………… 031

目錄

第二章 讀懂顧客「潛臺詞」，拒絕銷售「低 EQ 語言」——高 EQ 業務員的銷售之道

「怎麼可能……」會讓顧客覺得無路可退 …… 038
頻繁的「你懂嗎」會讓顧客感到厭煩………… 039
令人無法抗拒的聯想口令「什麼時候」……… 041
讓「不買就沒了」的氣氛推動成交…………… 043
不要因為顧客說「考慮一下」就放棄………… 045
不要因為顧客說會「撞衫」就不賣了………… 047
顧客說「沒帶錢」時毋須放棄銷售…………… 049
顧客說「需要得到總公司同意」時要學會追擊 050

第三章 FAB，永遠的「銷售技巧榜」榜首——高 EQ 的業務員善於使用銷售技巧

FAB 技巧讓顧客相信你的產品是最好的……… 054
不了解產品的詳細情況只會失去顧客………… 057
做顧客了解本行業和產品的導師……………… 061
你銷售的是產品而非抽象的程式碼…………… 062
產品能給顧客帶來的好處是解說重點………… 064
提煉賣點，你的產品是獨一無二的…………… 068
讓顧客切實感受到產品的品質………………… 070
讓顧客親自感受產品的優點和賣點…………… 074

第一時間接待顧客是王道……………………076
「接一、待二、招呼三」完美接待多個顧客 … 078
學會用技巧讓顧客說「是」…………………080

第四章 把任何東西賣給任何人 ── 以女性顧客為例，展現高 EQ 銷售經典案例

別放過女性非理性消費行為的契機……………086
多點親和力，學會和顧客閒話家常……………088
發揮右腦優勢轉移顧客的左腦思維……………090
絕不可以忽視顧客的同伴………………………093
了解顧客是自用還是送人後再推薦……………095
對優柔寡斷的顧客只提供唯一選擇……………097
侵害顧客的合法權益是飲鴆止渴………………100
抱怨無妨，妥善處理才是正道…………………102
顧客投訴有會員卡卻不能享受會員待遇………104
顧客投訴價格標籤與商品不對應時怎麼辦……106

第五章 讓「笑果」帶來「效果」── 高 EQ 告訴你該怎麼賣，幽默讓你賣得更多

什麼都可以少，唯獨幽默不能少………………110
如何掌握幽默這門有效的口才技巧……………112
讓客戶甘願掏錢…………………………………114

目錄

保持你的幽默感 ………………………………… 116
在自然狀態下成交 ……………………………… 120
客戶都喜歡智慧的幽默 ………………………… 121

第六章 「要什麼，賣什麼」而不是「有什麼，賣什麼」——高 EQ 幫你第一時間了解顧客需求

獲取顧客需求資訊的最好方式是提問 ………… 124
怎樣巧妙分辨顧客是否要購買 ………………… 126
用恰當提問挖出顧客的真正需求 ……………… 128
突破外圍防線，破解顧客的真實需求 ………… 129
怎樣接待目標明確的顧客 ……………………… 132
探詢顧客想要什麼材料再進行介紹 …………… 133
探詢顧客想要什麼風格再進行介紹 …………… 136
優秀業務人員要了解顧客需求等級 …………… 139
顧客的隱性需求需要你去挖掘 ………………… 140
猜準顧客的十大心理需求 ……………………… 143
賣顧客需要的，而不是你想賣的 ……………… 147
怎樣把話說到顧客的心尖上 …………………… 149

第七章　被拒絕，沒什麼大不了──
「絕處逢生」是高 EQ 業務員的拿手絕活

從顧客的拒絕中尋找銷售的絕佳機會 154
怎樣留住一聲不響要離開的顧客 157
遇到難以滿足型顧客要耐心溝通 159
靈活應對顧客的拒絕與託詞 161
巧妙讓顧客由「拒絕」變為「接受」 163
五類顧客拒絕的應對策略 165
破解對產品不滿意的顧客的深層想法 169
用感性語言扭轉銷售僵局 170

第八章　避免銷售「迷思」──
如何打破「迷思」，
是每一個業務員的 EQ 必修課

不要認為業務人員就比顧客卑賤 174
「公司規定」不是拒絕顧客換貨的擋箭牌 176
「無解」的問題不要拿出來問顧客 178
小心急切的詢問招來顧客反感 180
說服顧客不要超過十分鐘 182
銷售產品不是你一個人的獨角戲 185
詆毀對手搞不好會弄巧成拙自討苦吃 189

目錄

沒有顧客會喜歡急躁的業務人員 ……………… 191
掌控交流時的火候,可別燒到自己 ………… 194
讚美如果太過分不如不要說………………… 196

第九章　遠離銷售「禁區」── 別讓低 EQ 害了你

保持平常心,不可盲目自大………………… 202
不要與果斷型顧客針鋒相對………………… 204
與自我防衛型顧客溝通不要直奔主題 ……… 206
不要對隨和型顧客進行狂轟濫炸 …………… 208
千萬別向顧客許下「空頭支票」……………… 210
別做顧客討厭的黏人精……………………… 213
不願管「分外事」的業務人員留不住顧客…… 216
質疑顧客的話絕不能輕易說出口 …………… 220
你的眼神和動作代表了你的心……………… 221
當面反駁顧客異議不會有好結果 …………… 224
切勿以貌取人,不尊重顧客………………… 226
不說不該說的話……………………………… 228
業務人員不宜使用哪幾種眼神……………… 231

第十章　咦？這樣也能成功簽單──
　　　　高 EQ 業務員的「非常手段」

向顧客求教，不是銷售勝似銷售 ………… 234
用「飢餓行銷」刺激叛逆型顧客的需求 ……… 235
一個有創意的開場白絕對有用 ………………… 239
不迴避產品缺陷可能會有意想不到的效果 …… 242
試著向謹慎型顧客講個故事 …………………… 243
透露價值的冰山一角激發顧客好奇心 ………… 246
用誤聽試探成交法破解銷售膠著狀態 ………… 247
用試錯大法各個擊破顧客的疑點 ……………… 249
對顧客製造緊迫感促成交易 …………………… 253
不妨適時給顧客一點「威脅」 ………………… 255
令顧客無法抗拒的聯想催眠 …………………… 258
「劇場效應」將顧客帶入使用情境中 ………… 261

目錄

前言 PREFACE

39% 的顧客
都是根據業務人員的表現而決定購買的

■「39%」

意味著每 100 個顧客中有 39 名顧客決定購買並不是因為這個產品在同類競爭產品中品質最好。

■「業務人員的表現」

這是一個虛無縹緲的定義,「表現」是一個無法量化的技能。

「39% 的顧客都是根據業務人員的表現而決定購買的。」想必每一個涉足業務領域的人都知道這句話,但是又有多少業務人員能夠理解這句話,吃透這句話,進而在銷售過程中運用這句話呢?

筆者在觀察了近 100 多名一線業務員後發現,「業務人員的表現」其實就是指「業務人員的 EQ」,一個高 EQ 業務員往

前言 PREFACE

往能夠在眾多業務員中脫穎而出，成為業務達人。

那麼，成為一名高 EQ 業務員需要哪些特質呢？

首先，高 EQ 的業務員能夠讀出顧客的「潛臺詞」。他們能夠從顧客的言談、口音、聲調等特徵去判斷顧客偏好哪種類型的商品。有人統計過，人的思想多半是透過肢體語言來表達的。我們對於他人傳遞的資訊內容的接受，10% 來自對方所述，其餘則來自肢體語言、神態表情、語調等。所以，在銷售過程中，除了仔細傾聽顧客的購買需求外，還得多多留意顧客的肢體語言和「言外之意」。

其次，高 EQ 的業務員要有一顆當喜劇演員的心，向客戶推銷產品遭到拒絕是常有的事，而幽默感是應對客戶拒絕的一劑良藥。另外，當客戶對我們介紹的產品毫無興趣時，也可以隨機應變地利用幽默感來打動客戶。

幽默感利人利己。多一些幽默感不僅可以讓客戶在愉快的氛圍中了解產品，還可以讓自己的工作變得有趣起來。如果我們天生具有幽默感，那就將其注入自己的業務工作中；倘若不善於幽默，就要去培養自己的幽默感。因為客戶一般不願和無趣的業務員交談。這是一項拿到訂單的好策略，也是讓自己快樂工作的泉源。

第三，高 EQ 的業務員能夠有效地破除銷售迷思，遠離銷售「禁區」。其實銷售的「迷思」和「禁區」大概就是那些普

「業務人員的表現」

通業務員低 EQ 的銷售行為，比如：過分矯飾的讚美、極力貶低競爭品牌、工作時心急火燎、說話不分場合、不懂得說話的時機、輕易許下「空頭支票」、「黏人式」的熱情服務、當面反駁顧客異議⋯⋯

第四，頂級業務員往往都拿著自己獨特的殺手鐧──EQ，行走在「江湖」中，其中最著名的就是來自美國的湯姆‧霍普金斯，他 27 歲就成為千萬富翁，是全世界單年內銷售最多的地產業務員，平均每天可以賣掉一幢房子，3 年內賺到 3,000 萬美元，直到現在依然是金氏世界紀錄的保持者。湯姆‧霍普金斯在剛剛進入業務這個行業的時候並不像現在這麼風光，那時候的他屢遭敗績，窮困潦倒。艱難推銷 6 個月之後，他及時改變了自己的銷售方式，潛心研究心理學與公關學，努力提高自己的 EQ，「不要掩藏商品的缺陷」、「幫助準客戶挑選」、「反問式的回答」等高 EQ 銷售祕訣被廣泛使用。

世界頂尖推銷大師馬利歐‧歐霍文曾連續三次獲得世界冠軍業務員的殊榮，他曾經說過：「不要為失敗尋找理由，而要為成功尋找方法。」他也為全世界的業務員貢獻了自己高 EQ 的銷售祕訣。還有一位著名的女性業務大師──柴田和子，她在客戶生日或特殊日子的時候都會送上一隻大大的燻火雞，每年送出的火雞多達 1,300 多隻，被日本人親切地稱為「火雞太太」。柴田和子在 1988 年創造了世界壽險銷售第

前言 PREFACE

一的業績,此後每年都在刷新自己的銷售紀錄,至今都無人打破。高 EQ 是她傲視其他壽險業務員的王牌。

世界頂級的業務大師還有很多,諸如「壽險推銷大王」喬‧坎多爾弗、「雪佛蘭銷售之王」喬‧吉拉德以及日本「推銷之神」原一平,細細研讀他們成功的祕訣不難發現,每一位大師都在用高 EQ 征服顧客。

本書就是把這些世界頂級業務大師的高 EQ 銷售祕訣具體到每一個銷售場景中,將大師們「大而空」的「口號」轉換成「小而細」的「實踐」,這樣一來,業務員就能精準地理解業務大師的「王牌銷售術」,也為業務員在現實的銷售中提供完美的高 EQ 銷售案例,讓銷售變得簡單,變得有趣,變得高效。

第一章
一個動作，一個眼神牽動你的心
——高 EQ 帶你找到顧客的「言外」資訊

第一章　一個動作，一個眼神牽動你的心
　　　　—高 EQ 帶你找到顧客的「言外」資訊

■ 眼神，不可忽視的無聲語言

　　在所有的面部表情中，眼神是最生動、最複雜、最微妙，也是最富有表現力的一種。眼神又被稱為目光語，是運用眼睛的神態及神采來表達感情、傳遞資訊的一種無聲語言。人們視線相互接觸的時間，通常占整個交流時間的 30% ～ 60%。如果你與顧客之間視線交流的時間超過 60%，則表示對彼此的興趣可能大於交談的話題；如果你與顧客之間視線交流的時間低於 30%，則代表一方對另一方的談話根本不感興趣。而視線接觸的最適宜時間，除關係十分密切的人外，一般連續注視顧客的時間不超過 3 秒，過長時間的視線接觸會讓顧客覺得你對他本人的興趣大於他的話語，會讓顧客感到不適，同時也表現出我們的無禮和冒犯。

　　事實上，我們的眼睛是五官之中最重要的器官，因為任何人說話都不可能是一種單方面的授予行為，而是以相互交流為目的的一種活動。當我們說話的時候，顧客的目光會明確地表示出他們的心理反應。所以，我們在與顧客交談的時候，也應該用眼睛注視著顧客，以維繫自己與顧客之間的感情交流，這樣的溝通才會更有效。

　　銷售中瞬息萬變的眼神，會不自覺地流露出豐富的思想和蘊含於內心深處的情感，如果我們能夠敏銳地捕捉到對自己有利的資訊，或者靈活地傳遞出我們自己的思想，那麼整

個銷售局面就會被我們很好地控制，從而在銷售中取得主動權。

當我們在與顧客交談的時候，顧客做出了眼睛從眼鏡上面的縫隙中窺視的動作，就是顧客不尊敬業務員的情感流露。這說明他們在購物過程中並沒有表現出誠意。

銷售中，如果雙方都願意向彼此投出友好的目光，甚至還會向對方多看幾眼，這就說明他們對彼此感興趣或者有好感。

正直敏銳的目光則更容易贏得別人的好感和信賴，同時也可以促進溝通。

相反，游移不定的目光就是心神不寧或者心不在焉的表現。這樣會使人心存芥蒂，拉大雙方的距離，也會對銷售造成不利的影響。

在銷售時，人們通常也會用不同的眼神來表達不同的含義。這個時候人們大多透過注視他人的三角區來控制局面。具體地說，這個區域是以兩眼為底線、額中為頂點形成的一個三角區。如果我們在談話過程中注視著顧客的這個區域，氛圍就會顯得嚴肅認真，顧客也會覺得我們是非常有誠意的，這樣，我們就會很容易掌握談話的主動權和控制權。

第一章　一個動作，一個眼神牽動你的心
── 高 EQ 帶你找到顧客的「言外」資訊

■ 不同的笑容都蘊含著深意

笑是最常見的表情，但也是含義最複雜的表情。笑，是人與人溝通中出現次數最多，也是最能夠表達溝通意圖的無聲語言。

達文西的名畫〈蒙娜麗莎〉展示了一位幾個世紀以來都令世人為之傾倒的女人，但時至今日，有些人認為蒙娜麗莎其實根本算不上漂亮，而且多少還顯得有些臃腫。可是她的驚人之處，正是她那永恆的微笑，讓人看上去心裡舒服，也自然會對她產生好感。商界很早就有「人無笑臉莫經商」和「不會笑臉迎人，沒有生意上門」的說法。民間也有「舉拳難打笑臉人」的俗語。

現在，讓我們站在銷售的角度，來看看顧客不同的笑容所展現的含義：

◆ 捧腹大笑的人

多是心胸開闊的，一般為人比較正直。

◆ 經常悄悄微笑的人

心思非常縝密，而且頭腦異常冷靜，任何時候都能讓自己跳出所在的圈子，作為一個局外人來冷眼觀察事情的進展，進而做出各種有利於自己的決定。他們很善於隱藏自己，不會輕易將內心真實的想法透露給別人。

◆ 看到別人笑，自己就會隨之笑起來

這樣的人多是樂觀而又開朗的，比較情緒化，而且富有同情心。他們對生活的態度是很積極的，通常不會被苦難嚇倒。

◆ 開懷大笑，笑聲非常爽朗的人

他們是行動派，一件事情決定要做，馬上就會付諸行動，而且非常果斷和迅速，絕對不會拖泥帶水。

■ 察言觀色，做好有傾向性的介紹

業務人員在向顧客介紹商品時，要根據顧客的需求特點，結合與顧客交談時顧客的偏好，為顧客提供有價值的商品資訊和建議。不要當顧客問及哪款商品最適合自己時，業務人員告訴顧客所有的商品都適合，這樣的建議在顧客看來沒有任何價值。業務人員千萬不要期望因為自己的建議，顧客就會買下所有的商品，要明白顧客是在挑選商品，而不是批發商品。對顧客說自家超市的商品「都好」或者「都不好」的性質是一樣的。

小徐是超市的一名業務人員，他每個月都會在超市的員工評比中被評為「明星員工」。小徐是憑藉什麼每個月都能摘得「明星員工」桂冠的呢？先來看小徐的一次工作表現。

第一章　一個動作，一個眼神牽動你的心
──高 EQ 帶你找到顧客的「言外」資訊

　　一天，一位 60 來歲、衣著樸素的顧客進超市買電動刮鬍刀，那位顧客看到小徐，便問：「你好，我想買個電動刮鬍刀。」小徐仔細打量了下這位顧客，熱情介紹說：「現在有兩個品種，一種是日本進口的，款式新、色調好，但價格較貴；一種是國產的，雖說款式差些，但效能、品質都不錯，而且價格便宜得多。」

　　這位顧客聽了小徐的介紹，又讓小徐拿出這兩種款式的樣品仔細觀察了下，毫不猶豫地買了國產的電動刮鬍刀。

　　超市老闆在評價小徐的工作時，滿意地說：「小徐不像其他業務人員，他會毫不隱瞞地說明商品的優點和不足，從而贏得顧客的信任，但同時，在介紹中他又含蓄地帶有個人傾向。這樣，他含蓄的表達很容易就讓顧客了解到商品的效能，從而做出購買決定。」

　　小徐工作出色最重要的原因還在於他會察言觀色。比如：遇到老年人，他就會說老年顧客愛聽的話。站在顧客的角度去思維，真正幫助顧客選擇他們所需的商品。

　　一般情況下，逛賣場的顧客購買的目的性比較強。他們在進入賣場前一般都想好了要看什麼或要選什麼。所以有經驗的業務人員只需細心觀察就能感覺出進門的顧客會買什麼、購買力怎麼樣。

　　超市業務人員如何才能做到像小徐一樣察言觀色，高效地介紹商品，按顧客所需服務顧客呢？

首先，要善於快速掃描顧客，迅速判斷其特性。

顧客走進賣場，工作人員要會從顧客年齡、性別、外貌、神態、服飾等外形特徵上去研究，從而判斷顧客的消費層次。

其次，在不經意的交談中捕捉出偏好資訊。

從顧客的言談、聲調等特徵去判斷顧客偏好哪種類型的商品。還有一點，就是注意觀察顧客的行為。

比如：顧客走到一個貨架旁，駐足片刻，說明這個貨架上肯定有顧客心儀的商品。

工作人員做到前面三點，就可以判斷這名顧客是以遊逛為目的的「遊客」，還是以購買為目的的「買主」了。

■ 優秀業務定能破譯顧客的肢體語言

一個人想要表達他的意見時，並不見得需要開口，有時肢體語言會更豐富多彩。

有人統計過，人的思想多半是透過肢體語言來表達的。我們對於他人傳遞的資訊內容的接受，10% 來自對方所述，其餘則來自對方的肢體語言、神態表情、語調等方面。

下面簡要列舉一些常見的肢體語言，希望能透過這樣的破譯幫助業務人員和顧客順暢地溝通：

第一章　一個動作，一個眼神牽動你的心
——高 EQ 帶你找到顧客的「言外」資訊

(1) 顧客瞳孔放大時，表示他被你的話所打動，已經準備接受或在考慮你的建議。

(2) 顧客回答你的提問時，眼睛不敢正視你，甚至故意躲避你的目光，那表示他的回答是「言不由衷」或另有打算。

(3) 顧客皺眉，通常是他對你的話表示懷疑或不屑。

(4) 與顧客握手時，感覺鬆軟無力，說明對方比較冷淡；若感覺太緊了，甚至弄痛了你的手，說明對方有點虛偽；如感覺鬆緊適度，表明對方穩重而又熱情；如果顧客的手汗津津的，則說明他可能正處於不安或緊張的狀態之中。

(5) 顧客雙手插入口袋中，表示他可能正處於緊張或焦慮的狀態之中。另外，一個有雙手插入口袋之癖的人，通常是比較神經質的。

(6) 顧客不停地玩弄手上的小東西，例如原子筆、火柴盒、打火機或名片等，說明他內心緊張不安或對你的話不感興趣。

(7) 顧客交叉雙臂，說明他有自己的看法，可能與你的相反，也可能表示他有優越感。

(8) 顧客面無表情，目光冷淡，就是一種強而有力的拒絕訊號，表明你的說服沒有奏效。

(9) 顧客面帶微笑，不僅代表了友善、快樂、幽默，而且也意味著道歉與求得諒解。

(10) 顧客用手敲頭，除了表示思考之外，還可能是對你的話不感興趣。
(11) 顧客用手摸後腦勺，表示思考或緊張。
(12) 顧客用手搔頭，有可能他正試圖擺脫尷尬或打算說出一個難以開口的要求。
(13) 顧客垂頭，表示慚愧或沉思。
(14) 顧客用手輕輕按著額頭，表示困惑或為難。
(15) 顧客頓下頜，表示順從，願意接受業務人員的意見或建議。
(16) 顧客頜部往上突出，鼻孔朝著對方，代表他想以一種居高臨下的態度來說話。
(17) 顧客講話時，用右手食指按著鼻子，有可能是要說一個與你相反的事實、觀點。
(18) 顧客緊閉雙目，低頭不語，並用手觸摸鼻子，表示他對你的意見正處於猶豫不決的狀態。
(19) 顧客用手撫摸下頜，有可能是在思考你的話，也有可能是在想擺脫你的辦法。
(20) 顧客講話時低頭揉眼，表明他企圖要掩飾他的真實意圖。
(21) 顧客搔抓脖子，表示他猶豫不決或心存疑慮；若顧客邊講話邊搔抓脖子，說明他對所講的內容沒有十分的把握，不可輕信其言。
(22) 顧客捋下巴，表明他正在權衡，準備做出決定。

第一章　一個動作，一個眼神牽動你的心
──高 EQ 帶你找到顧客的「言外」資訊

(23) 在商談中，顧客忽然把雙腳疊合起來（右腳放在左腳上或相反），那是拒絕或否定的意思。

(24) 顧客把雙腳放在桌上，表明他輕視你，並希望你恭維他。

(25) 顧客不時看錶，這是逐客令，說明他不想繼續談下去或有事要走。

(26) 顧客突然將身體轉向門口方向，表示他希望早點結束會談。

當然，顧客的肢體語言遠不止這些，平時善於察言觀色的業務人員，再加上閱人無數的工作，一定可以總結出一套行之有效的方法。

■ 手勢是最容易溝通的語言

在身體動作當中，手所表達出的語言資訊也是最為豐富的，它能夠充分地表達出任何思想活動。

手勢語言是說話人運用手指、手掌和手臂的動作變化來表情達意的一種語言。手勢是人們用以表達某種思想感情的特殊途徑。特別是當一個人急於表達某種思想，又苦於一時無法用語言表達的情況下，往往會藉助一定的手勢。例如：某人在說外語時，由於不能流暢地表達，就會不斷地指手畫腳，希望能順利地表達出自己的意思；人們在遇到棘手的問題時，也總是雙手相互搓擦；一個人經過思考而做出某一決

定時，往往抬手一揮，表示決定了；一個人顯得十分安閒自在地與人談話時，喜歡用食指輕輕地敲著椅子的扶手等。由此可見，人們的手勢有意或無意地透露了人們的某種思想、情感或情緒。當人們在談話的時候藉助於手勢以表達某種思想、情感或情緒，就叫做手語。

手也是人體上肢前端拿東西的部分，是人獲取東西的主要肢體。手的活動能量大，其動作傳遞資訊也非常強。手促進了人類的進化、大腦的發達和文明的誕生。手與大腦的關係是意志和行動、指令和執行的關係。因此，手是人的內心世界和大腦功能的最顯明的表徵器官。從生理學依據看，人的智力是由雙手的勞動提升的，手是人身體中樞神經感受最複雜、最靈巧的器官。人類在出現口頭語言之前，就藉助著手勢進行交流。

可見，手往往會成為身體語言的焦點。業務人員應該掌握顧客手勢所代表的隱藏含義。顧客用手表達態度的方式有如下幾種：

- 雙臂交叉：這是一個人處於陌生的場合，缺乏自信，有些緊張不安時採取的姿態，同時也是一種試圖控制緊張情緒的方式。
- 用手指輕輕觸碰脖子：表示他們在和我們談話的過程中對我們持懷疑或不同意的態度。

第一章 一個動作，一個眼神牽動你的心
──高 EQ 帶你找到顧客的「言外」資訊

- 用手指敲擊桌子：表示很無聊或不耐煩（用腳敲擊地板同此理）。輕輕撫摸下巴：說明他在考慮如何做出決定。
- 雙手忙個不停（沒事找事做）：商務交流中如果邊和別人說話邊這樣做，這正表達著一種無言的拒絕。
- 手放在腰上：一般表示開始動怒了，並隨時準備投入行動。
- 握手無力：很可能是代表此人個性懦弱、缺乏氣魄，或者是傲慢、冷淡、矜持。握手有力：說明這個人熱情、好動、興奮或好自我表現。

■ 站、立、行，身體語言會說話

身體語言，是指人們身體部位做出表現某種具體含義的動作符號，也是利用人的身體姿勢的變化來傳情達意的語言。

不同的站、立、行的姿態，代表不同資訊的傳遞。

缺少自信、消極悲觀、甘居下位的人站立時往往彎腰駝背；充滿信心、樂觀豁達、積極向上的人，站立時總是背脊挺得筆直，有時還會把雙手叉在腰間。

挺著腰筆直的坐姿，表示對顧客或對談話內容有興趣，也是一種對人尊敬的舉動。

彎腰駝背的坐姿是對談話不感興趣或感到厭煩的表示。

站姿是身軀站立起來說話的姿態。主要透過肩、腰、腿、腳等動作的變化來表情達意。通常的情況是：雙腿站直，胸部挺起，雙手自然下垂，雙目平視，表明精神振作，充滿自信。如上述站姿，將雙手自然下垂改成背後相交，就更顯得精神飽滿而有氣勢；兩腿略屈，兩腳稍微分開，身體重心不斷由這隻腳移到另一隻腳，胯骨放鬆，會顯得輕鬆自如，神態自若；兩腿分開，上身挺直，雙手叉腰，是極端自信的姿勢。

談話時，身體前傾，腳尖蹺起，表示殷切而願意合作，反之，則意味著懷疑與防範。

在交流舉止中，坐姿很重要，因為人的交流大多是坐著進行的。一個人的坐姿，不僅可以反映他慣常的性格特徵，而且能反映出他此時此刻的心理。因此，我們在與顧客交流中有必要留意一下顧客的坐姿：

◆ **手腳伸開懶洋洋地坐在椅子上**

說明此人相當自信，對談話對象稍有些瞧不起。如果你不能容忍顧客的這般態度，可以「逼使」他改變坐姿，自然也就改變了他的心理定向。你可以找遠一些的椅子坐下，讓他碰不到你，與此同時你還可以不斷拿出東西（文件、照片或其他）給他看，他便不得不挪動一下位子。

第一章　一個動作，一個眼神牽動你的心
　　　──高 EQ 帶你找到顧客的「言外」資訊

◆ 習慣坐在椅子邊上

說明顧客不自信，還有幾分膽怯，在做隨時「站起來」和中斷話題的準備。

◆ 猛地重重地坐下去的人

此時的心情一定是煩躁的，我們最好不要和他們談要緊的事情，否則將不會得到滿意的結果。

◆ 輕輕地坐下去的人

此時的心情一定是平和的，我們可以和他們自由地交談。

■ 透過仔細觀察和深入分析來打動顧客

「你能不能快點做決定？不要老是拖來拖去的好不好？」

「這不是在選嘛！」

「真服了你了，不就是買點東西嗎？有必要這樣左挑右挑的？」

……

這是無數次發生在我們周圍的對話場景。在消費活動中，一定會有這樣一批顧客，在選購商品時，他們並不遲鈍，卻總是慢人一步，這是什麼原因？

透過仔細觀察和深入分析來打動顧客

答案是,這一類人屬於分析型顧客,他們關注的就是細節,不進行一番比較分析,他們絕不輕易做出決定。

相對於那些看上了就買,拿起來就走的爽快顧客,分析型顧客則顯得磨磨蹭蹭,甚至婆婆媽媽。買東西左比右比,挑三揀四,確定沒有任何問題之後才會購買,疑心重、愛挑剔、喜歡分析是這類顧客消費時最大的特點。

就如同財會工作者一樣,分析型顧客做事非常嚴謹,在做決定前一定要經過仔細分析。他們注重事實和數據,追求準確度和真實度,更重要的是,他們關注細節,認為細節與品質之間可以畫等號。對於商品的款式、顏色和價格,分析型顧客的要求也往往比較精確,他們不接受模稜兩可的概念。

面對這類顧客,業務人員要學會分析,透過仔細觀察和深入分析,把握住顧客的心理,從而採取適當的對策來俘獲顧客的心。

分析型顧客非常注重細節,他們比較理智,更相信自己的判斷,不會因為一時興起就決定買或不買,往往是進行了詳實的資料分析和論證之後,他們才會做出決定。因此,在選購時,分析型顧客總會慢條斯理,表現得十分謹慎和理智。

業務人員有時候會被分析型顧客的挑剔弄得不知所措,

第一章　一個動作，一個眼神牽動你的心
　　　──高 EQ 帶你找到顧客的「言外」資訊

在與分析型顧客交流的過程中，一定要嚴謹，講究條理性。如果業務人員過於大意，粗枝大葉、含含糊糊、條理不清、言語不準，就無法贏得顧客的信任，甚至還會引起顧客的厭煩。

一般情況下，與分析型顧客交談時，業務人員要認真傾聽，說話注意邏輯，語速適中，咬字清晰，要顯示出比較嚴謹的銷售風格。顧客會從業務人員介紹的細節中獲取有效的資訊，以做分析判斷。

在與分析型顧客的接觸過程中，一定要留給他一個好的印象，說話不誇張、不撒謊，也不能強迫顧客購買，因為這樣的顧客往往很有主見，並且追求完美，有著自己的行為信條，不願意受人左右。顧客看了很多商品後都覺得不滿意，有可能是因為對款式、顏色、品質或價格不滿意，也可能是因為對業務人員的服務態度、推銷技巧等不滿意，還有可能是因為顧客心情不好。

業務人員在接待這樣的顧客時，最關鍵的就是要有耐心，要注意觀察顧客的目光。如果顧客一直盯著某款商品時，業務人員可先從這款開始介紹；如果顧客提出喜歡某一款，業務人員可先簡單介紹，再推薦其他商品。如果顧客還是喜歡前一款，業務人員可做重點推銷。業務人員最好能讓顧客主動提問，這樣就可以了解顧客的心態，知道顧客有什

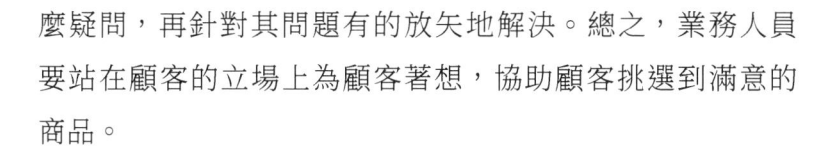

麼疑問，再針對其問題有的放矢地解決。總之，業務人員要站在顧客的立場上為顧客著想，協助顧客挑選到滿意的商品。

■ 打動內向型顧客的法寶是真誠

利用溫柔攻勢，切實為顧客著想，獲取顧客的信任，是針對內向型顧客的致勝法寶。

阿建是某手機家電賣場的業務人員。有一天，一位先生來店裡看手機，很多當班的櫃檯人員都主動跟他打招呼，熱情地詢問對方需要什麼樣的手機。每一次被詢問，這位先生都只是說自己隨便看看，到每個櫃檯前都是匆匆地瀏覽一下就迅速離開了。面對這麼多業務人員的熱情詢問，這位先生顯得有些窘迫，臉漲得通紅，轉了兩圈，覺得沒有適合自己的手機，就準備離開了。

這時阿建根據經驗，判斷出該顧客是一個比較內向靦腆的人，並且根據觀察，阿建斷定顧客心中肯定已經確定了某一品牌的手機，只是由於款式或者價格等原因，或者是由於被剛才那些業務人員輪番「轟炸」，有些不知所措而一時失去了主意。

於是，阿建很友好地把顧客請到自己的櫃檯前，他溫和地說：「先生，您是不是看上某款手機，但覺得價格方面不太

第一章　一個動作，一個眼神牽動你的心
──高 EQ 帶你找到顧客的「言外」資訊

OK，如果您喜歡，價格可以給您適當的優惠，先到這邊來坐吧，這邊比較安靜，我們再聊聊！」顧客果然很順從，阿建請他坐下，與他聊起天來。

阿建開始並沒有直接推銷手機，而是用閒聊的方式說起自己曾經買手機，因為不善言辭而出醜的事。他說自己是個比較內向的人，做推銷這幾年變化挺大。與顧客聊了一些這樣的話題以後，顧客顯然對他產生了一定的信任感，於是在不知不覺中主動向阿建透露了自己的真實想法。

阿建適時地向他推薦了一款適當的機型，並且在價格上也做出了一定的讓步，給顧客一定的優惠，同時阿建還留了自己的電話給對方，以保證手機沒有品質問題。最後，顧客終於放心地購買了自己想要的手機。

從這位先生進店後的行為中，阿建判斷這是一位內向型顧客，而針對內向型顧客，不能一上來就推薦商品，否則他們會無所適從。阿建真誠地邀請顧客到自己的櫃檯，然後和顧客聊天，慢慢引導顧客，從而贏得了顧客的信賴，並促成了一次商品銷售。

在我們周圍，總有兩類人，他們的做事風格完全相反。比如對於別人友好的幫助，一種人往往會很真誠、很高調地表達感謝，然後，拋之腦後；另一種人可能什麼都不會說，但是，在接下來的時間裡你就會發現，他在默默地對你好，並且，對你越來越好。為什麼？

內向型的人往往更傾向於相信自己內心的感覺,他們會根據自己的判斷做出選擇。

　　心理學研究發現,相比性格開朗、易於溝通的外向型性格的人,性格封閉、不易接近的內向型性格的人感情及思維活動更加傾向於心靈內部,感情比較深沉。他們不善言辭,待人接物小心謹慎,一般情況下他們避免甚至害怕與陌生人接觸。雖然內向型性格的人比較愛思考,但他們的判斷力常常因為過分擔心而變弱,對於新環境或新事物的適應,往往需要很長的週期。

　　因為內向型顧客對陌生人的態度比較冷漠,且情緒內斂,沉默少言,在消費過程中也會小心翼翼,甚至久久拿不定主意,使得櫃檯員工的業務工作很難有進展。在銷售過程中,往往是業務人員問一句,神情冷漠的內向型顧客答一句,不問就不答,導致交談的氛圍沉悶,業務人員的心情也比較壓抑,想要迅速促成交易往往是很困難的一件事情。

　　但是,櫃檯員工切不要被內向型顧客的外表、神情矇騙,從而打起退堂鼓。善於觀察的業務人員會發現,雖然內向型顧客少言寡語,甚至表面看似反應遲鈍,對店鋪員工及其推銷的商品都表現得滿不在乎,不會發表任何意見,但他其實在認真地聆聽,並已經對商品的好壞進行思考。內向型顧客其實非常細心,只是源於其性格中的對陌生人極強的防

第一章　一個動作，一個眼神牽動你的心
──高 EQ 帶你找到顧客的「言外」資訊

禦和警惕本能，他們即使對櫃檯員工的觀點表示贊同，也不會說太多的話。這時候櫃檯員工應對顧客一如既往地溫柔對待。根據內向型顧客嘴上不說，但是心中有數的特點，他們一旦開口，所提的問題大多很實在、尖銳並且切中要害，櫃檯員工應想好對策，從容溫和地回答，打消顧客的質疑，這樣就會很容易得到內向型顧客的信賴。

其實內向型顧客並不是真的冷若冰霜、難以溝通，他們往往用冷漠來保護自己，卻擁有一顆火熱的心。只要他透過自己的判斷覺得你十分誠懇，他一定也會表達出善意，而雙方越熟悉，他就越會信任你，甚至依賴你。對於缺乏判斷力的內向型顧客來說，只要他信任你，他甚至會讓你替他做決定。而且如果他對你的產品感到滿意，他就會變成你的忠實顧客，一次次向你購買。

如果顧客是個心直口快的人，話往往不中聽。

顧客和朋友一人買了一件當季最暢銷的商品，由於這位顧客是位心直口快的人，所以直接問業務人員能不能便宜一點，在這種情況下，如果業務人員能對他們有一個清楚的認知，知道這類人生性如此，並非對自己懷有什麼惡意的話，對他們抱以誠懇和謙和的態度，他們一般會成為該業務人員的忠實顧客。

例如，這類顧客可能會說：「你們這種人我見得多了，

打動內向型顧客的法寶是真誠

黑的能說成白的,就會騙人!」這種口氣,一般人都接受不了,但作為業務人員,要在理解他們的基礎上,不去在意這些話。這類顧客挑選貨物的時候也常常都這麼說:「價錢怎麼這麼貴?這不是在削人嗎?能不能再便宜點?你降一點,別這麼獅子大開口!」

儘管這類顧客講價時也會採用比較尖銳的字眼,但一個成功的行銷人員是樂於聽到這樣的話的,因為這裡隱藏著成交的資訊,掌握住這一資訊,成交就成功了一半。

行銷人員一旦發現了這樣的訊號應加倍警覺,把握時機。首先可以順著顧客的話來應對他,但話要說得得體,否則極容易得罪他們。雖然你可能看不慣顧客的這種態度,但在表情方面,也要以誠懇親切的態度相迎合,不可表現出厭惡和不滿情緒。

● 第一章　一個動作，一個眼神牽動你的心
　　　　—高 EQ 帶你找到顧客的「言外」資訊

第二章
讀懂顧客「潛臺詞」，
拒絕銷售「低 EQ 語言」
——高 EQ 業務員的銷售之道

第二章　讀懂顧客「潛臺詞」，拒絕銷售「低 EQ 語言」
　　——高 EQ 業務員的銷售之道

■「怎麼可能……」會讓顧客覺得無路可退

　　業務人員在銷售過程中要特別注意自己的語氣，千萬不能給顧客頤指氣使的感覺。

　　一家會計公司某天來了一位新的總機小姐，下午她急匆匆跑去找一位前輩，請他幫忙解答一個問題。

　　前輩聽了她的問題，打趣說了句：「妳讀到碩士，怎麼可能連這個都不會！」沒想到總機小姐竟然瞬間淚如雨下，隔天就沒來上班，而這位前輩談起她時總是語帶惋惜，完全不知道就是自己闖的禍。

　　如果你平常說話時常用「怎麼可能」來造句，那可得小心了，因為你說不定經常得罪人卻不自知。像這種「怎麼可能……」的語句，常會讓人下不了臺。畢竟不管你有意無意，它本身就含有輕視的意味在裡面。上面就是一個典型的例子，不過這還算影響不大的，還有更糟的情況。

　　有一位主播在做名人專訪時，問了訪問對象一個專有名詞，對方支吾了一下，笑著表示因為和自己業務不相關，怕解釋錯了會誤導觀眾，如果要他立即回答，可能需要現場求助。

　　這個回答可以說是化解當下尷尬的妙招，誰知道主播竟然哈哈大笑，回答他一句：「你是企業總監！怎麼可能不知道這麼簡單的東西！」來賓頓時拉下了臉，尷尬得一句話也說不出來，只能呵呵乾笑幾聲。

試想，聽完顧客陳述，業務人員驚訝地說出：「……怎麼可能……」雖然業務人員沒有惡意，在顧客聽來卻像在駁斥他們，極可能在顧客心中種下不悅的種子。這是因為，當你說出「怎麼可能」這四個字時，一定是情況不在你的預期內。這種表達方式在別人聽來，難免心裡都會有疙瘩，尤其當著眾人面說，肯定會讓人下不了臺。

「怎麼可能」四個字帶有極重的負面資訊，不管這四個字後面接了什麼，對方都不覺得是好事，而且一旦業務人員對顧客使用這句話，往往會在顧客心中引發「這個人真不會說話」的感受。

■ 頻繁的「你懂嗎」會讓顧客感到厭煩

一名業務人員到顧客家推銷有機蔬菜，顧客本來抱著「希望明天更健康」的心態用心聽，但這位業務人員說話實在沒技巧。「他大概講三句話，就會夾雜一句『你懂嗎』一次兩次還無所謂，一個小時聽下來，真的讓人心情很不好。」顧客這樣抱怨道。

有些朋友可能覺得，人家好心好意問「你懂嗎」有什麼不對？先來看看那位有機食品業務人員當時是怎麼說的：

「你懂嗎？我們平常吃的一般包心菜，裡面農藥根本洗不掉，對健康真的很有危害。而有機蔬菜的好處，就是不會有

第二章　讀懂顧客「潛臺詞」,拒絕銷售「低 EQ 語言」
　　　—高 EQ 業務員的銷售之道

農藥殘留的危機。你懂嗎?加上全程使用天然有機肥,植物自然吸收,維生素含量更高,你懂嗎?還有……」

可見,在業務人員的人際關係字典裡,應該把「你懂嗎」列於「強勢句」的範圍,就是指,當你自覺在談話內容上比對方更專業、懂更多時,比較常用到的詞句。

除了「你懂嗎」,還有很多語言表達同樣會讓顧客感覺到業務人員的強勢,如果同一次談話中用太多次,很容易讓顧客心生反感,例如:

- 你要知道……:「你要知道,這種事不是你說了算。」
- 我不是告訴過你……:「我不是之前就告訴過你這樣行不通!」
- 根本不需要……:「你根本不需要這樣做,有更好的方法。」
- 你以為……:「你以為我為什麼會這樣說?還不是為你好!」

業務人員在使用這些句子時,語氣常會不自覺加強,給顧客壓迫感,所以在銷售過程中,這些話都要盡量避免。

想想看,當你對人說「你懂嗎」的時候,是不是表示你覺得對方可能需要一些解釋?對方也許真的不懂,但你的強勢語氣,會讓人覺得你在強迫推銷,反而使對方接受度降低;

如果對方其實也懂,還會讓人覺得你看不起他,才需要不斷確定他到底懂不懂。

對話間偶爾穿插一兩句「你懂嗎」還無可厚非,如果變成口頭禪似的再三重複,顧客聽了不耐煩是其次,這三個字裡所夾帶的「教育」意味,恐怕會讓你的推銷毫無指望。

■ 令人無法抗拒的聯想口令「什麼時候」

「什麼時候」這個詞在敲定一筆訂單時顯得頗具魔力,即使未說出時間也是有用的。如果你的潛在顧客想要你的產品,當她的購買興趣達到頂點時,幾乎也就是把她引到時間問題上來的最佳時間,以便達成交易。

假如你正在向一位顧客銷售服裝,她喜歡那件衣服卻猶豫不決,你說:「讓我想想,您最晚要在下週日拿到衣服,今天是星期五,我們保證在下週六把貨送到。」

你不必問她是否想買,你只是假設她想買,除非有明顯的障礙(如沒有能力支付),否則你將當場完成銷售。

若改變銷售方法,問她:「您想什麼時間拿到這件衣服?」那麼她一定會猶豫不決。由於你有些猶豫,那麼你的顧客也會猶豫;假如你有膽怯的心理,那麼她也會有同感。因此,你必須充滿自信,顯得積極有力。

第二章　讀懂顧客「潛臺詞」，拒絕銷售「低 EQ 語言」
——高 EQ 業務員的銷售之道

　　一位管理顧問正想租賃昂貴的曼哈頓辦公室。業務人員了解他的經濟情況，便向他推薦了一套又一套的房間，從未想過她的潛在顧客會不租房子，只是在想：哪一間房間最適合我的顧客？

　　在介紹完不同的辦公室之後，她斷定該是成交的時候了。

　　她把顧客帶進了一間房。在那裡，他們俯瞰大海，她問道：「您喜歡海景嗎？」

　　潛在顧客說：「是的，我很喜歡。」

　　然後，這位泰然自若的推銷人員又把顧客帶到另一間房，問他是否喜歡那裡天空的美景。

　　「非常好。」那顧客回答。

　　「那麼，您更鍾愛於哪一個呢？」

　　顧客想了想，然後說：「還是海景。」

　　「那太好了，這應該就是您想要的房間了。」業務人員說。

　　最終，那位潛在顧客沒有拒絕，他租賃了海景房。

　　自始至終，業務人員只需善意地假設顧客會租賃，然後平靜地達成交易。

■ 讓「不買就沒了」的氣氛推動成交

在銷售過程中，交易能否達成，在相當程度上取決於現場的氣氛，優秀的業務人員能適時調節現場的氛圍，達成交易。

行銷高手瑪麗‧柯蒂奇是美國某間房產公司的經紀人，她曾在半小時之內賣出了一套價值50多萬美元的房子。

一天，瑪麗正在一處新轉到她名下的大房子裡參觀。

有一對夫婦也在看房子。這對夫婦看中了一間房，瑪麗告訴這對夫婦，這間房子在別的經紀人名下有半年了，今天才剛剛轉到自己的名下，房主急等用錢，現在降價出售，應該很快就會成交。夫婦雖然看中這間房子，但覺得房價有點高，在買與不買之間猶豫不決，那瑪麗見此情景又是怎麼做的呢？

「我還是覺得房子的價格有點高。」男主人說。

「房價其實很合理，我想很快就會賣掉的，我以我的經驗保證。」瑪麗自信地說。

「為什麼如此肯定？」

「能夠眺望海景的房子並不多，不是嗎？而且，房子剛剛降價。」

「但我發現這裡的房子很多。」

「我承認，這裡的房子是很多。我相信你也看了不少。我

第二章　讀懂顧客「潛臺詞」，拒絕銷售「低 EQ 語言」
　　—高 EQ 業務員的銷售之道

想你不會沒有發現，這間房子是很少的擁有自己車庫的房子之一。你只要把車開進車庫，就等於是回到了家。你只要上樓梯，就可以喝上熱騰騰的咖啡。並且，這間房子附近有這裡最好的娛樂場所和大小餐廳，別的房子就沒這麼多的方便了。」

　　男主人鄧恩想了想，向瑪麗報了一個價，然後很果斷地說：「這是我願意購買的價格，再多一分錢我都不想要了。妳不用擔心貸款的問題，我可以付現金。如果房主同意，我將感到很高興。」

　　瑪麗一聽鄧恩的報價只比房主的要價少一萬美元，就說：「你的條件我想應該沒問題，但我需要你的一萬美元作為定金。」

　　「這個沒問題，我現在就可以寫一張支票給妳。」鄧恩說。

　　「請在這裡簽名。」瑪麗把合約遞給鄧恩。

　　至此，整個交易宣告完成。瑪麗從見到這對夫婦，直至交易成功，用了還不到半小時的時間。

　　壓力推銷是指業務人員在交流中使用強而有力的語言，讓顧客感到購買是唯一出路，促使顧客做出購買決策的一種推銷方法。這種方法對那些已對產品動心的顧客，或是準備買但又有點猶豫的顧客最管用。而是否很有分寸地運用這種強而有力的語言的能力，是業務人員 EQ 高低的一種展現。

　　在這個案例中，瑪麗就用壓力推銷法成功拿下了顧客。鄧恩夫婦雖然很滿意這間臨海的房子，但並沒有當時就買的

意思。假如瑪麗只是將自己的名片交給他們，事情多半會泡湯。在這種情況下，瑪麗採取的方法很簡單，即製造緊張氣氛，給對方傳遞一個資訊：想買的話就趕快，否則就沒了。此招果然見效，在短短的半小時之內，瑪麗就完成了其他經紀人半年都沒有完成的任務。

可見，向顧客施壓是一種比較有效的心理戰術，它會使顧客在無形中感到一種壓力，但他們感覺不出這是業務人員施加的壓力，以為是自己造成的。因此，使用這種推銷技巧，就需要業務人員具備很高的 EQ，即說話具有感染力，對於環境有極強的控制能力，並且能夠靈活地加以變換。

■ 不要因為顧客說「考慮一下」就放棄

在業務人員進行建議和努力說服或證明之後，顧客有時會說一句：「知道了，我考慮看看。」或者是：「我考慮好了再跟你聯絡，請你等我的消息吧！」顧客說要考慮一下，是什麼意思？是表示他真的有意購買，還是現在還沒考慮成熟呢？

如果你是這麼認為，並且真的指望他考慮好了再來購買，那麼你可能是一位不合格的業務人員。其實，對方說「我考慮一下」，乃是一種拒絕的表示，意思幾乎相當於「我並不想購買」。

第二章　讀懂顧客「潛臺詞」，拒絕銷售「低 EQ 語言」
—高 EQ 業務員的銷售之道

　　要知道，推銷就是從被拒絕開始的。作為一名業務人員，當然不能在這種拒絕面前退縮，正確的做法應該是越挫越勇，抓住「讓我考慮一下」這句話加以利用，充分發揮自己的韌勁，努力達到商談的成功。所以，如果對方說「讓我考慮一下」，業務人員應該以積極的態度盡力爭取，可以用以下幾種回答來應對。

(1)「我很高興能聽到您說要考慮一下，要是您對我們的商品根本沒有興趣，您怎麼肯去花時間考慮呢？您既然說要考慮一下，當然是因為對我所介紹的商品感興趣，也就是說，您是因為有意購買才會去考慮的。不過，您所要考慮的究竟是什麼呢？是不是只不過想弄清楚您想要購買的是什麼？這樣的話，請儘管好好看清楚我們的產品；或者您是不是對自己的判斷還有所懷疑呢？那麼讓我來幫您分析一下，以便確認。不過我想，結論應該不會改變的，果然這樣的話，您應該可以確認自己的判斷是正確的吧！我想您是可以放心的。」

(2)「可能是由於我說得不夠清楚，以至於您現在尚不能決定購買而還需要考慮。那麼請讓我把這一點說得更詳細一些以幫助您考慮，我想這一點對於了解我們商品的影響是很大的。」

(3)「您是說想找個人商量，對吧？我明白您的意思，您是想要購買的。但另一方面，您又在乎別人的看法，不願

意被別人認為這次購買是失敗的、錯誤的。您要找別人商量,要是您不幸問到一個消極的人,可能會得到不要買的建議;要是換一個積極的人來商量,他很可能會讓你根據自己的考慮做出判斷。這兩種人,找哪一位商量會有較好的結果呢?您現在面臨的問題只不過是決定是否購買而已,而這種事情,必須自己做出決定才行,此外,沒有人可以替您做出決定的。其實,若是您並不想購買的話,您根本就不會去花時間考慮這些問題了。」

(4)「先生,與其以後再考慮,不如請您現在就考慮清楚做出決定。既然您那麼忙,我想您以後應該也不會有時間考慮這個問題了。」

這樣,緊緊咬住對方的「讓我考慮一下」的話柄不放,不去理會他的拒絕的意思,只管借題發揮、努力爭取,盡最大的可能去反敗為勝,這才是銷售之道。

■ 不要因為顧客說會「撞衫」就不賣了

當顧客說「我確實喜歡這款,但是我同事也買了同款,而且還在一個辦公室裡」的時候,業務人員的確是左右為難的,彷彿怎麼說都是錯的,不說更是錯的。

大林剛買了一套很好看的西裝,第二天剛穿去上班,就和老闆撞衫了。一模一樣的衣服穿在兩人的身上,唯一的區

第二章　讀懂顧客「潛臺詞」，拒絕銷售「低 EQ 語言」
　　——高 EQ 業務員的銷售之道

別就是矮小且肥胖的老闆穿起來沒有大林穿著好看。大林只聽說撞衫事件在演藝圈是非常尷尬的事情，沒想到老闆也露出了非常不悅的神情，隨即一陣緊張。

　　剛在自己的位子上坐下來，大林才想到下午將要和老闆去參加一個簽字儀式，弄不好會搶了老闆的風頭。於是大林將昨晚老婆為他熨燙好的西褲用力地揉搓起來，還將西裝脫下來墊在座位上胡亂折騰，終於將那套皮爾卡登的西裝弄得「面目全非」，全然沒了清晨氣宇軒昂的氣質。

　　下午的簽字儀式即將開始，老闆早已換了一套非常有領導者氣勢的皮外套，看著大林這一身皺巴巴的西裝，立即換了另外一個形象好一些的同事陪他參加了儀式。而大林嚮往已久的代表公司出面的機會卻泡湯了⋯⋯

　　跟上司撞衫是一件很需要擔風險的事情，與同事撞衫也是很多人極力避免的事情。如果顧客明知道同事或者老闆已經買了一件同款的商品，但還在猶豫該不該買時，只能說明一個問題，那就是顧客非常喜歡這款商品。在這種情況下，我們太早跟顧客說「要不您再看看別的款式吧？」是非常不明智的，這等於為顧客做出了不買這款商品的決定。

　　當然，如果我們直接建議顧客買這款也是很不明智的，因為如果顧客在衝動與你的慫恿下買了那款商品，後來卻在公司陷入了尷尬，他肯定會後悔並埋怨業務人員的，甚至以後不再願意來你的店裡購物。事實上，聰明的業務人員總是能找到巧妙的處理方式。比如以下兩種情形：

- 「真巧啊,撞衫的確不太好,不過這也說明這款衣服很受歡迎。最近我們這個系列的衣服又出了三個新款,比原來的這款更加時尚,設計也更加獨特,您穿上去肯定會更好看的。」(推薦同一系列的新款)
- 「哦,這一點都不奇怪,因為這款商品的確滿好的,看到的人都會很喜歡。既然您的同事已經買了,您就選擇其他的吧,免得尷尬。其實這邊還有兩款比這款更好的,來,您到這邊看一下!」(推薦類似的款式)

顧客說「沒帶錢」時毋須放棄銷售

許多業務人員在顧客「沒錢」的理由面前敗下陣來,其實他們放過了許多成功的機會。要記住,顧客嘴上說的「沒錢」其實是極富彈性的,很可能只是一種藉口。

實際上,錢是能湊出來的,關鍵在於顧客是否真心決定買。正因為錢在買賣當中發揮著關鍵作用,所以顧客想拒絕時,「沒錢」便成了最好的擋箭牌。但這對有經驗的業務人員來說並不能起多大作用,他們照樣能讓顧客掏腰包。

針對顧客的一些「沒錢」、「買不起」之類的拒絕理由,你可以這樣應對:「所以我才勸您用這種商品來賺錢」或者「所以我才推薦您用這種產品來省錢」等。

第二章　讀懂顧客「潛臺詞」，拒絕銷售「低 EQ 語言」
──高 EQ 業務員的銷售之道

當然，顧客也可能真的沒帶錢，這時怎麼辦呢？

有一天，一位先生夾著公事包在車行裡轉悠，左看看右看看，一會兒說這輛車車價太高，一會兒說那輛車款式不漂亮。最後，這位先生看中了一輛汽車。當業務人員與他洽談時，他卻說：「我今天只是隨便看看，沒帶現金。」

這時業務人員說：「先生，沒有問題，我和您一樣，有很多次都忘了帶錢。」然後稍稍停頓一會兒，觀察顧客的反應。業務人員接著說：「事實上，您不需要帶一分錢，因為您的承諾比世界上所有的錢都能說明問題。」

接下來，業務人員拿起訂單對他說：「請在這裡簽名。」

等先生簽完名，業務人員又強調說：「您給我留下了很好的第一印象。我知道，您是不會讓我失望的。」

實際上，當你說這樣的話時，也確實很少有人令你失望。因為當你信任別人時，別人也會向你證明他們的確是值得信賴的。

顧客說「需要得到總公司同意」時要學會追擊

當你聽到顧客說「我需要得到總公司同意」時不要太過沮喪，因為這很有可能只是藉口。那麼，怎樣來判斷顧客所說的話是否屬實呢？

顧客說「需要得到總公司同意」時要學會追擊

◆ 詢問關於取得總公司同意的流程

「如果總公司同意的話,那得多長時間?」

「是一個人決定就行了,還是要全體董事同意?」

「如果是董事會,他們一般什麼時候開會?」

「我可以跟決策者聯絡嗎?」

◆ 直接核對事實

想要當場判定顧客所言是否屬實,可以直接請求顧客打電話聯絡總公司。如果他再試圖找其他藉口,那就證明顧客所言必定是託詞。這時,業務人員就需要找出顧客拒絕的真正原因,盡全力去爭取這筆生意,直到把訂單拿到手。

業務人員:「沒問題,這我了解。趁現在我在這裡,跟他們聯絡吧,這樣我也能夠回答他們可能提出的問題。」

顧客:「我們老闆不在,我做不了主。」

業務人員:「您不妨打個電話給老闆,您能及時打電話給他,說明您對他的生意很在意,工作上很負責,您的老闆回來後肯定會獎勵您的。」

◆ 讓顧客來勸說他的上級

有一名辦公室設備業務人員,為人膽大心細,為了完成交易,他通常會冒險使用下面這種方法。

有一次,他和一位辦公室經理談生意:「您看我們的設備

第二章　讀懂顧客「潛臺詞」，拒絕銷售「低 EQ 語言」
　　—高 EQ 業務員的銷售之道

怎麼樣？」

「是不錯，但是我需要得到總公司的同意。」

業務人員心想：這位辦公室經理想買，但他害怕上司會批評他越權。

為了不使這樁生意成為泡影，業務人員認為可以利用經理的虛榮心理去消除他對上司的恐懼。於是他拍了一下列印機大聲說道：「Ｔ型福特！Ｔ型的！」

「你說Ｔ型是什麼意思？」那位經理問道。

「沒什麼，Ｔ型福特是過去盛極一時的汽車，正如您的列印機。但今天，它只是一個過時的怪物。」業務人員說道。

業務人員的一番話點醒了那位經理，他坐在那裡陷入了沉思。兩天後他打電話跟業務人員說，他想用雷射列印機代替他現有的那一臺。

這名業務人員就是掌握了經理確實想買，但又擔心上司責怪的心理，所以他才敢那樣譏諷經理的列印機。這不失為一個很好的策略，但需要注意的是，你必須有十足的把握，對你自己、對你的產品有信心。

當你聽到顧客說「我需要得到總公司同意」時，不要太過沮喪，因為這很有可能只是藉口。此時應該弄清顧客所說的話是否**屬實**，並根據實際情況，採取相應的策略來促成交易。

第三章
FAB，永遠的「銷售技巧榜」榜首
—— 高 EQ 的業務員善於使用銷售技巧

第三章　FAB，永遠的「銷售技巧榜」榜首
──高 EQ 的業務員善於使用銷售技巧

■ FAB 技巧讓顧客相信你的產品是最好的

顧客：「剛才您介紹的手機電池真的可以用 3 年？」

業務人員：「您看，說明書上有對於電池壽命的詳細說明，正常使用情況下，充電次數為 5,000 次，在您一天最多充電 4 次的情況下，就是 1,250 天，差不多 4 年呢。」

顧客：「可是你們這個產品剛推出不到半年，怎麼就知道可以用 3 年呢？」

業務人員：「一款產品推向市場都會經過大量測試，已經達到了法定品質檢測標準，您就放心用吧。」

顧客：「如果電池不到 3 年就無法充電了，是否可以免費更換？」

業務人員：「如果產品過了保固期，更換要收費的，保固期是一年。」

顧客：「所以，還是不一定保證可以使用 3 年。」

上述場景中的業務人員已經沒有足夠的理由去取得顧客信任了，顧客有各式各樣的疑問其實是非常正常的事情，導致顧客懷疑產品品質、技術特點的主要原因，是業務人員在介紹產品時沒有應用 FAB 的技巧。

在上面的案例中如果應用 FAB 技巧，在顧客提出問題時，業務人員的回答應該是這樣的：

「行動類型的產品，如手機主要挑戰的就是電池的效能。在美國，許多消費者最在意的就是手機的電池耐久性。

FAB 技巧讓顧客相信你的產品是最好的

在產品推向市場之前，經過大量的試驗，尤其是抗衰減測試，現在的內建電池已經比以前的效能提高了百倍，可以支持 5,000 次以上的充電，一般一天充電 4 次的話，可以使用 1,250 天，將近 4 年的時間。許多使用者使用 4 年以後，也早到了新品上市的時候，如果仍然繼續使用，我們提供以成本價更換電池的服務，這才是品牌產品的獨到之處。」

一般消費者在選購產品時，除了比較注重品牌、品質、功能和價格外，還會關注使用年限。因為，使用年限會直接影響到消費者的切身利益。但使用壽命是一個比較專業的問題，業務人員在回答顧客提出的關於產品使用年限的問題時，除了回答具體使用年限外，還要藉此機會向顧客傳導正確的關於產品使用壽命的知識和保養常識，在介紹中應用 FAB 技巧，從而顯示出你的專業知識和服務水準，給顧客留下值得信賴的印象。

這裡簡單介紹一下 FAB。

FAB 對應的是三個英文單字：Feature、Advantage 和 Benefit，即屬性、作用和利益。在闡述觀點時，按照這樣的順序來介紹，就會很容易讓顧客相信你的產品是最好的。

◆ 屬性（Feature）

我們經常把它翻譯成特徵或特點，而且很多業務人員至今還把它翻譯成特徵或特點。特徵，顧名思義就是區別於競爭對手的地方。當你介紹產品並與競爭對手的產品進行比較

第三章　FAB，永遠的「銷售技巧榜」榜首
——高 EQ 的業務員善於使用銷售技巧

時，就會讓顧客產生一定的牴觸情緒。如果把用於銷售的 Feature 翻譯成屬性，即你向顧客介紹你的產品所包含的客觀現實、所具有的屬性，就會避免顧客牴觸情緒的產生。

◆ 作用（Advantage）

很多業務人員把它翻譯成了優點，優點就是你們比競爭對手好的方面，這自然會讓顧客產生更大的牴觸情緒。因為你們所面臨的競爭對手非常多，相似的產品也很多，你們的產品不可能比所有的產品都好。

現實中的每一款產品都有各自的特徵，當你們介紹產品的某個功能比競爭對手好的時候，顧客就會產生反感。實際上，在銷售中把 A（Advantage）翻譯成作用會更好一些，作用（Advantage）就是能夠給顧客帶來的用處。

◆ 益處（Benefit）

就是給顧客帶來的利益。比如：電熱水器透過加熱自來水以便洗澡、日常溫水等使用，那麼這給顧客帶來的益處便是隨時可用到熱水，非常方便。FAB 應該這樣解釋：這款電熱水器就是透過加熱自來水以便洗澡、日常溫水等，可隨時加熱，所以使用非常方便。

這樣的結構，是業務人員說服性演講的結構，只有這樣的結構才能讓顧客覺得你的產品滿足了他的需求，並且願意購買。

■ 不了解產品的詳細情況只會失去顧客

業務人員要推銷產品,首先要向人們介紹產品,如果業務人員對所推銷的產品不會太熟悉,只了解一些表面的淺顯的情況,不能很好地把產品的效能、特點等介紹給顧客,不能讓顧客真正了解商品,銷售就不可能成功。

業務人員:「你好,我們店裡有很多款床墊,保證能符合您的要求。」

顧客:「你們都有哪些品牌?」

業務人員:「其他的品牌也代理,我們自己也生產。」

顧客:「那你們的床墊價格怎麼樣?」

業務人員:「有不同的等級和不同的價位。」

顧客:「你能具體介紹一下這些產品之間的差別嗎?」

業務人員:「……」

顧客:「那我還是先考慮考慮吧!」

在上述場景中,顧客多提幾個問題,就把業務人員「問」住了,許多顧客往往因為得不到對產品的滿意回答而打消了購買的念頭,結果業務人員就因對產品解釋不清或宣傳不力而影響了銷售業績。

業務人員只有百分百了解自己的產品,才能從容面對顧客的各種疑惑。如果面對顧客的問題,支支吾吾說不上來,那麼,顧客是不會相信你的,最終只能遺憾失去這個顧客。

第三章　FAB，永遠的「銷售技巧榜」榜首
─高 EQ 的業務員善於使用銷售技巧

因此，業務人員應充分了解產品的情況，掌握關於產品的詳細知識。比如產品類型、規格、效能、技術指標、品質水準、生產工藝、使用方法、老顧客的使用情況，本企業產品與其他企業同類產品的競爭優勢、價格情況和產品發展前景，本企業產品與社會文化傳統和地域消費習慣的關係，以及本企業產品的不足或有待改進的方面等。例如某微波爐廠的一位電話業務人員，將產品知識和自己在大學學習的機電知識結合起來，在向顧客介紹產品情況時，把微波爐的內部結構、技術效能和使用時的注意事項等說得明明白白，顧客聽得心服口服，迅速做出了購買決定。

業務人員應該從以下幾個方面來了解自己的產品：

◆ 優點

顧客之所以購買產品，是因為使用該種產品能解決他的某些問題，他所需的是產品的好處，也就是產品的功能所在。

◆ 成分及生產工藝

我們的產品有什麼樣的成分？是什麼樣的生產工藝？

◆ CP 值

如今的消費者都變得越來越現實了，他們在選購商品方面由原來的注重價格因素，轉為注重價格和效能雙重因素。因此，強調產品的 CP 值也是與顧客溝通的一個重要內容。

◆ 服務

　　如今的消費者，不僅僅看重產品的品質和價格，也十分注重產品的售後服務。當然，產品的服務不僅僅是指售後服務，事實上這種服務貫穿於產品銷售的整個過程中。因此，了解清楚產品的服務，也是與顧客進行電話溝通的一項重要內容。

◆ 競爭力

　　當今商品市場，競爭異常激烈，要想使自己的產品在競爭中脫穎而出，必須讓自己的產品富有特色。對於業務人員來說，在與顧客溝通的過程中，必須要把自己所銷售產品的特色介紹清楚。這些特色可以表現在產品名稱、材料、質地、規格、美感、顏色和包裝、功能、科技含量、價格、結算方式、運輸方式、服務、市場占有率、顧客滿意度等方面。

◆ 包裝

　　解說產品的包裝，有效地向顧客闡釋產品的價值，能幫助業務人員建立更有效的說服力。

◆ 運輸方式

　　了解產品的送貨方式，可以讓顧客知道自己什麼時候能拿到產品。顧客比較願意知道產品什麼時候可以交貨。

第三章　FAB，永遠的「銷售技巧榜」榜首
—高 EQ 的業務員善於使用銷售技巧

◆ 同類競爭對手的產品

只有了解競爭對手的產品，才能幫助業務人員做有效的顧客分析，幫助顧客做有效的比較。但業務人員不能批評競爭對手，只能做分析。

◆ 缺點

每一樣產品都會有缺陷和不足，不諱言產品的缺點會讓顧客覺得你很真誠，讓業務人員有機會建立和維護顧客關係，並讓顧客成為其產品良好的「宣傳員」。

在這裡跟大家提幾點建議：

- 找一張紙，把你要向顧客推銷的產品的效能、優點及售後服務等資訊都寫下來，並把它作為一項你和顧客溝通前的重要準備工作。充分了解商品的結構、效能，不同型號的優、缺點。
- 了解企業的生產情況以及產品的生產規劃等，嘗試著使用一下你的產品，或者和一些正在使用的顧客溝通一下，了解一下產品的使用情況，相信這些準備對於你接下來和顧客的溝通是非常有幫助的。

■ 做顧客了解本行業和產品的導師

對於外行的顧客，要做顧客了解本行業和產品的導師，打消顧客的各種疑慮，才能促成交易。

顧客：「你這個新產品品質怎麼樣？總得比我原來想要的那個好吧？有沒有比這個新產品更好的、價格更便宜的？」

業務人員：「這個產品品質絕對沒有問題，是國外的名牌，在歐美市場占有率一直都是獨占鰲頭。」

顧客：「嗯！外國的名牌……不過我對這個產品不了解，我回家了解一下再買吧！謝謝您的推薦！」

這位業務人員自我感覺良好，對自己的產品充滿自信，就認為顧客一定會購買，然而事實往往是，顧客向來忌諱買自己陌生的不了解的產品。很多顧客因為是產品的外行，因此不敢輕易花錢，害怕花冤枉錢。作為業務人員，必須在取得顧客基本信任後，向顧客介紹新產品的研發背景、效能優勢、市場狀況等，讓顧客快速入行，從而增加對這一行的基本了解，親近顧客，才能贏得顧客的信任。

業務人員引導顧客消費是一個比較複雜的過程，作為一名合格的業務人員，你必須時刻精心、細心為顧客不厭其煩地講解，這個時候，你的角色不僅僅是一名業務人員，還是顧客了解整個行業概況的良師益友。

當顧客詢問產品的品質如何或其他很不專業的問題時，

第三章　FAB，永遠的「銷售技巧榜」榜首
——高 EQ 的業務員善於使用銷售技巧

你要小心區分顧客是真的外行，還是內行對你的試探，但不管怎樣，擁有真誠的態度就會同時應對這兩種不同類型的顧客。一般情況下，問這些基本問題的顧客往往都是外行，擔心自己不懂產品，不敢買，生怕上當受騙多花錢等。由於顧客缺乏背景知識，缺乏對行業和產品的整體認識，因此對這些產品沒有判斷力，對業務人員的話語也就無從把握，業務人員不引導顧客了解行業，顧客就不敢購買產品。

這時候業務人員不能急於成交，而是抱著幫助顧客了解行業動態的心態與顧客進行交流，這將取得顧客的信任，只有取得信任後再向顧客介紹產品，才能有很大把握促進成交。

如果業務人員想做成這單生意，就不能簡單打發顧客，也不能認為遇到大肥羊可以直接宰了，業務人員必須努力以朋友、專業人士、業務人員和產品共同愛好者的身分來與顧客進行交流，獲得顧客信任，只有親善的情感培養出來了，顧客才會心甘情願聽取你的建議，此時考驗的就是業務人員的專業知識、真誠心態和學識。

■ 你銷售的是產品而非抽象的程式碼

在向顧客介紹產品時，業務人員必須做到簡潔、準確、流暢、生動，切不可賣弄專業術語。因為你推銷的是產品，而不是那些抽象的程式碼。

你銷售的是產品而非抽象的程式碼

顧客:「你介紹的新技術是怎麼回事?」

業務人員:「就是我們的CST!如果想試試別的材質的,那就需要我們的FDX了,也可以為每一個FDX配上兩個NCO。」

顧客(稍稍按捺了一下心中的怒火):「喂,我要買的不是字母!」

業務人員:「噢,我說的都是我們產品的序號。」

顧客:「我想我還是再找別家問問吧。」

向顧客尤其是非專業的顧客介紹產品時,不要賣弄那些讓人搞不明白的專業術語,而要用顧客聽得懂的語言向顧客進行介紹。

案例中的顧客不明白業務人員介紹的新技術是怎麼回事,是由於業務人員對於新技術的描述過於專業,使用了過多的、難懂的名詞術語;或者是業務人員為了賣弄技術而講技術,沒有把介紹重點從新技術自然地轉移到新技術帶給顧客的好處與利益上。因此,業務人員在介紹新技術時,一定要與顧客的利益相結合,要使用通俗易懂的語言,讓顧客明白新技術到底有什麼用途,能給自己帶來哪些好處,這樣才能有效激發顧客的購買興趣。

用顧客聽得懂的語言向顧客介紹產品,這是最簡單的常識,尤其對於非專業的顧客來說,業務人員一定不要過多使用專業術語。有一條基本原則對所有想吸引顧客的人都適

第三章　FAB，永遠的「銷售技巧榜」榜首
　　　─高 EQ 的業務員善於使用銷售技巧

用，那就是如果資訊的接受者不能理解該資訊的內容，這個資訊便產生不了它預期的效果。業務人員對產品和交易條件的介紹必須簡單明瞭，表達方式必須直截了當。表達不清楚，語言不明白，就可能會產生溝通障礙。

產品的新技術不在於技術本身的巧妙，而在於能夠給消費者帶來的利益以及能夠讓消費者真切感受到。所以評價產品新技術的標準，往往不是其科技含量，而是它所挖掘的新需求和帶來的新體驗。業務人員在解釋產品的新技術時，如果能夠與通俗易懂的概念相配合，就可以讓顧客比較快地理解和接受。

例如：「這款熱水器使用了逆卡諾熱泵節能技術。正常情況下水是往低處流，水泵可以將水抽往高處（舉例類比）；同樣的道理，逆卡諾熱泵節能技術透過壓縮、蒸發等熱力循環過程（簡要說明工作原理），將空氣中大量免費的熱量轉移到生活用水中，讓水不燒而熱，從而達到大幅度節能省電的效果。」

■ 產品能給顧客帶來的好處是解說重點

推銷某一款具體產品時，不要只說明產品的特點，而要強調產品能為顧客帶來哪些好處。

產品能給顧客帶來的好處是解說重點

業務人員向顧客介紹一款新上市的刮鬍刀，他詳細地將這種新式刮鬍刀的一切優良效能都做了介紹。

顧客：「刮鬍刀不就是為了刮掉鬍鬚嗎？我的那種舊式刮鬍刀也可以做到這些，我為什麼還要買你這個？」（很顯然，顧客希望清楚地了解這些產品或者業務人員的這種銷售主張能夠帶來什麼樣的好處）

業務人員：「我的這種刮鬍刀要比以前的效能優良，而且包裝特別精美。」

顧客：「你的包裝精美跟我有什麼關係？包裝精美的產品有的是，我為什麼要選擇你的產品呢？」

業務人員「這種刮鬍刀很容易操作……」

顧客：「容易操作對我有什麼好處？我並不覺得我原來的很難操作。」（說完後就走了）

這個業務人員的失敗，就在於他一味地強調產品的特點，而忽略了產品帶給顧客的好處。

從事業務工作的人是否思考過，你們銷售的是產品，還是產品帶給顧客的好處？我們通常都認為自己向顧客推銷的是產品，衣服、領帶、化妝品、廣告、軟體……卻忽略了顧客需要的不是這些產品，顧客真正需要的是產品帶給他們的服務。所以，銷售的關鍵，是要向顧客展示產品能為他們帶來哪些好處。

根據對實際的銷售行為的觀察和統計研究，60% 的業務

第三章　FAB，永遠的「銷售技巧榜」榜首
　　——高 EQ 的業務員善於使用銷售技巧

人員經常將特點與好處混為一談，無法清楚地區分；50% 的業務人員在做銷售陳述或者說服銷售的時候不知道強調產品的好處。業務人員必須清楚地了解特點與好處的區別，這一點在進行銷售陳述和說服銷售的時候十分重要。

那麼，在產品推銷中強調的好處都有哪些呢？

(1) 幫助顧客省錢。
(2) 幫助顧客節省時間。效率就是生命，時間就是金錢，如果我們的產品可以幫顧客節省時間，顧客也會非常喜歡。
(3) 幫助顧客賺錢。假如我們能提供一套產品幫助顧客賺錢，當顧客真正了解後，他就會購買。
(4) 安全感。顧客買消毒碗櫃，買的就是一種對他家人、他自己的安全感。
(5) 地位的象徵。一個飛利浦限量版的刮鬍刀價值 1 萬新臺幣，從一個刮鬍刀的功用價值看，實在不值得花費，但還是有顧客選擇它，那是因為它獨特、稀少，是一種地位的象徵。
(6) 健康。市面上有各種按摩椅、電動浴足盆等保健用品，就是抓住了人類害怕病痛、死亡的天性，所以當顧客相信你的產品能幫他解決此類問題時，他也就有了此類需求。
(7) 方便、舒適。

產品能給顧客帶來的好處是解說重點

業務人員要想確切地介紹出產品的好處，還要從以下幾個方面做起：

(1) 清楚認識自己的產品。訓練有素的業務人員能夠清楚地知道自己的產品究竟在哪些方面具備優良效能，十分熟練地掌握產品可提供給顧客的利益。

(2) 了解顧客的關注點。在與顧客交流中，最難判斷的是他們的關注點或利益點，只有找到他們的關注點才能針對其需求進行推銷。一個好的業務人員應該首先弄清楚顧客關注什麼。要想清楚地了解顧客的需求，就需要透過提問、回答反覆深入地探查顧客的真實想法，從而給出顧客最需要的購買建議，促成交易。

(3) 主動展示產品的好處。業務人員可直接告訴消費者接受產品或促銷計畫所能獲得的好處，當好處能滿足該顧客的需求時，他多半會同意購買產品或接受提議。

(4) 運用各種方法強調好處。其中包括品質、包裝、顏色、大小、市場占有率、外觀、成本、製作流程等，使顧客有種豁然開朗的感覺——我就是想要這樣的東西，這樣，你離成功就只有一步之遙了。

第三章　FAB，永遠的「銷售技巧榜」榜首
──高 EQ 的業務員善於使用銷售技巧

■ 提煉賣點，你的產品是獨一無二的

顧客：「這款產品的主要賣點是什麼？」
業務人員 A：「它跟其他同類產品都差不多。」
業務人員 B：「您看宣傳數據吧，這裡都寫得很清楚啊！」
業務人員 C：「您等等，我先看一看再告訴您！」

業務人員 A 答非所問，沒有清楚回答顧客的問題；業務人員 B 是不合格的；業務人員 C 對業務不熟，必然被淘汰。

從銷售的角度來說，沒有賣不出去的產品，只有賣不出去產品的人。因為聰明的業務人員總可以找到一個與眾不同的賣點將產品賣出去。產品賣點是指產品銷售的獨特主張，即產品具備的別出心裁或與眾不同的特色、特點，也就是顧客購買該產品能夠得到的具體利益點。獨特賣點可以與產品本身有關，有時候，也可以與產品無關。獨特賣點與產品有關時，可以是產品的獨特功效、品質、服務、價格、包裝等；當與產品無關時，這時銷售的就是一種感覺、一種信任。

提煉一個好的產品賣點，可以引起消費者的強烈共鳴，並激發他們對產品的注意和好感。業務人員跟顧客介紹產品的賣點時，一定要結合顧客的實際需求和喜好，用顧客喜聞樂見的語言表達出來，在銷售過程中靈活運用，把「要顧客知道」轉化成「顧客要知道」。

提煉賣點，你的產品是獨一無二的

　　業務人員提煉產品賣點可以從產品自身的特色出發，以產品的外觀、引數、效能、功能等為提煉平臺，綜合各品牌的產品賣點，從中尋找自身獨有的市場亮點。賣點提煉主次要分明，主要賣點最多不要超過三個。賣點要簡明，且通俗易懂，業務人員應該自己先吃透產品賣點，然後轉化為顧客能夠理解的口語化的文字。例如：

◆ 場景一

　　「我們這款冷氣很受歡迎。它的主要賣點就一個字──靜！目前冷氣行業大部分品牌冷氣的噪音值都在 26～32 分貝之間，而舒適的睡眠環境則需要 25 分貝以下的聽覺感受。我們這款產品執行的噪音可低至 22 分貝，相當於人的呼吸聲，遠低於臺灣法律規定的 40 分貝噪音值底線。所以這款超靜音的睡眠冷氣一定能有效提高您和家人的睡眠品質……」

◆ 場景二

　　「我們這款豆漿機主要有兩大賣點：精研磨，重口味！這款產品採用了『五穀精磨系統』和『文火熬煮技術』！『五穀精磨系統』是由五穀精磨器和 X 型強力旋風刀組成，利用『碰撞研磨』的粉碎原理進行打漿，大大提高了粉碎效果，充分釋放五穀雜糧的營養精華。再加上『文火熬煮技術』智慧煮漿程序，讓五穀豆漿得到充分乳化，做出的豆漿營養更豐富，口感更香濃，更利於人體吸收。您嘗一下，這就是這款機器

第三章　FAB，永遠的「銷售技巧榜」榜首
──高 EQ 的業務員善於使用銷售技巧

磨出來的豆漿！」

　　只要善於發現，每一種產品都會有它獨特的賣點。顧客通常只會對獨特賣點感興趣。發現顧客對某一個獨特的賣點感興趣時，業務人員應及時強調產品的獨特賣點，把顧客的思維始終控制在獨特的賣點上，促使其最後做出購買的決定。

　　提煉產品賣點的方法：

- 從產品外觀上提煉：從產品的設計風格、形狀、款式、色調、材質、新技術等方面入手。
- 從產品功能上提煉：不同於其他品牌的功能賣點。
- 從產品引數上提煉：注意把技術引數與消費者的心理利益點結合起來，業務人員的講解詞要通俗易懂，富有感染力，能讓消費者產生共鳴。

■ 讓顧客切實感受到產品的品質

　　業務人員要善於增加顧客的產品體驗，讓顧客切實感受到產品的品質，配以專業的技術解說，利用產品品質去說服顧客。

　　有一位顧客到 A 家電專賣店想購買一套組合音響，A 業務人員帶顧客看了一圈。顧客：「剛才看的那兩款組合音響不

讓顧客切實感受到產品的品質

錯,價錢怎麼算?」

Ａ業務人員:「那個較大的是7,500元,另外一個是11,500元。」

顧客:「啊?那個小的為什麼比較貴,我們外行看來覺得小一點的應該更便宜才對!」

Ａ業務人員:「那個小的進貨的成本就快要12,000元了,只賺您500元。」

顧客本來對體積較大的那套7,500元的組合音響有一點興趣,但想到另外一套小的居然要賣11,500元,那較大的那套組合音響的品質一定粗製濫造,因此,就不敢買了。

顧客又走到隔壁的Ｂ家電專賣店,看到了同樣的組合音響,打聽了價格,同樣的是7,500元、11,500元,顧客就好奇地請教Ｂ業務人員。

顧客:「為什麼這套小的組合音響反倒要賣11,500元?」

Ｂ業務人員:「先生,請您過來,我們放同樣一首歌,您可以比較比較。」顧客依照他的話,聽了一首經典歌曲,一個音調比較高,一個聲音低沉,不過小一些的組合音響音質明顯好於那個大塊頭的組合音響。

Ｂ業務人員聽了顧客的試聽感受後,接著告訴顧客:

「7,500元的這套組合音響聲音稍微高一些,您會覺得很舒服,而11,500元的組合音響音調並不是那麼高,而且聲音的清晰度也有一些差別,這是因為兩套組合音響喇叭上的金屬膜使用的材料不一樣,11,500元的組合音響使用了做工最

第三章　FAB，永遠的「銷售技巧榜」榜首
—高 EQ 的業務員善於使用銷售技巧

精良的鈦金屬膜，因此音質更好，低音深沉，高音不會爆音。

您要知道，經常爆音或音調比較高的組合音響對聽力有一定的損害，而低音的組合音響效果則會好很多。但光是鈦金屬膜的成本就要多出將近 2,500 元。而且，您看這套小型的組合音響的支架是碳纖維的，它比一般非純鋼的組合音響支架壽命要長一倍，它不會因為受到空氣的腐蝕就生鏽折掉，也能確保更輕的重量的前提下承受更大的重力，碳纖維在 F1 賽車上應用很廣泛。因此，這套小一些的組合音響支架的平均使用年限要比那套大的多一倍。

另外，這套小型的組合音響，雖然個頭比較小，但它完全是依照最新的 Dolby 音質認證標準設計和偵錯的，因此音質非常好，也把對聽力的損害降到了最低，即使長期聽歌看電影也不會使耳朵難受。一套好的組合音響對於家庭影院來說，實在是非常重要。這套組合音響雖然個頭不如那套大，但卻是一套精心設計的好音響。老實說，那套 7,500 元的組合音響中看不中用，使用價值和聽覺感受遠遠沒有這套 11,500 元的高。」

顧客聽了 B 業務人員的說明後，心裡想：也就貴了 4,000 元，為了保護我的聽力並獲得更高級的聽覺感受，就是貴 5,000 元我也會購買這套設計精良的小組合音響。

對於同樣的產品同樣的價格，A 業務人員和 B 業務人員使用了不同的產品介紹方法和不同的顧客體驗，得到了截然不同的結果。對於持有價格異議的顧客，更好的產品體驗和

產品解說，往往能扭轉這種異議，從而促成交易。

　　在銷售失敗的原因中，價格沒有達成一致是其中一個很重要的原因。但實際情況是，價格沒有達成一致的背後往往隱藏著更深刻的原因。上面這個案例就說明，在有價格異議的情況下，增強顧客體驗的方法很有可能扭轉局面。

　　在這個案例中，A 專賣店的 A 業務人員面對顧客的價格質疑，只是採取了常規的解釋方法，當然不能令顧客滿意，並且還在顧客的頭腦中形成了便宜組合音響品質不好的猜想（雖然事實確實如此），銷售必然是以失敗而告終。

　　當顧客來到 B 專賣店，面對顧客同樣的價格質疑，B 業務人員採取了截然不同的銷售方法，他首先讓顧客試聽一首歌來親自體驗一下兩套組合音響的不同，從而在顧客的大腦中建立對兩套組合音響的初步認識，在此基礎上，他又利用自己的產品解說優勢，深入分析了兩套組合音響的不同之處及價格較高的組合音響的種種好處，從而把顧客的思維從大的好轉向小的好，並且取得顧客的認同，成功地銷售了一套 11,500 元的組合音響。

　　成功的業務人員都應該知道，在通常情況下，顧客一邊想得到品質最好的產品，而一邊又想省荷包。這時候就需要業務人員能夠洞悉顧客心理，使用恰當的顧客體驗和產品解說，並且靈活運用產品的技術優勢，以達到銷售的目的。

第三章　FAB，永遠的「銷售技巧榜」榜首
──高 EQ 的業務員善於使用銷售技巧

■ 讓顧客親自感受產品的優點和賣點

善於迎合顧客心理，並對自己的產品效能了然於心，讓顧客親自感受產品的優點，才是產品快速成交的關鍵。

某日，一賣場內有一顧客要購買一款皮帶。

業務人員小徐：「我們的皮帶非常好，價格又便宜。」

顧客：「哦？非常好？到底好在哪裡？」

業務人員小徐：「嗯……這個牌子不錯，這個牌子的皮帶真的確實很好，價格也便宜。」

顧客：「你看這回答……那具體好在哪？你總得給我一個理由吧？」

這時另外一位業務人員小梁走過來，幫著說：「先生好，我同事小徐剛來不久，對我們賣場的各個產品還不是很熟悉。我們這款 XX 牌皮帶是目前全球男性皮帶市場占有率第一名的品牌，品質穩定，售後服務優秀，而且包裝華麗精細，自己用或送給親朋好友都顯得特別有等級，而且目前正值 315 世界消費者日，全館九折。」

顧客：「嗯！確實不錯！我就是要幫朋友買生日禮物，不知道買什麼好呢，你這麼一說，就省了我不少事呢！」

就這樣，在老道的業務人員小梁的極力配合下，小徐終於賣給了顧客一款高級皮帶。

讓顧客親自感受產品的優點和賣點

場景中的業務人員小徐很明顯沒有抓住顧客的心理，同時自己的商品知識有所欠缺。小徐一味地對顧客說產品品質好，價格低，但這並不能打動和吸引顧客。只有真正迎合顧客的心理，並能解答顧客的疑惑，才能讓顧客接受並購買業務人員所推銷的商品。上述場景中的另一位業務人員小梁正是抓住了顧客的心理，結合商品的優勢，促使顧客很開心地購買了一款高級電動刮鬍刀。因此，每一位業務人員都應努力提升自己的商品知識水準，否則言之無物，根本不知道如何向顧客推薦商品。

賣場的業務人員應該對商品有全面的了解。作為業務人員，應該對商品的原料、效能、質地、產地、使用方法、保管方法、真偽辨識知識等了然於心，以便更好地為顧客提供諮詢。此外，業務人員還應開展有針對性的介紹和演示，提高顧客的即興購買欲望。業務人員對新產品更應該熱情推薦，因為一般而言，新產品的銷售對於賣場而言利潤空間也更大。

在市場實踐中，賣場促銷活動的表現形式令人眼花撩亂，但其中不乏盲目促銷。一個促銷活動要達到預期的效果，必須建立在業務人員熟練掌握商品知識的基礎上，這樣才能為顧客提供實用的購買建議，從而達到促銷的效果。此外，善於迎合顧客的心理，也是促銷得以成功的關鍵。

第三章　FAB，永遠的「銷售技巧榜」榜首
　　——高 EQ 的業務員善於使用銷售技巧

■ 第一時間接待顧客是王道

　　每一位顧客進入店鋪的時候，業務人員都應該在第一時間接待顧客。如果顧客進入店鋪沒人招呼，會給顧客留下不好的印象，很可能就損失了一個機會，對於店鋪的形象也是很大的傷害。

　　王先生在一個週末去家門口附近一家超市閒逛。一進入超市，就是圖書區。非常喜歡看書的王先生突然想起前幾天有人跟他推薦過一本小說，於是他想順便買下來。

　　因為是週末，超市裡到處都是人，圖書區也擠滿了大人和孩子。王先生在暢銷小說區翻看了半天，也沒有找到自己想要買的那本小說。這時，他環看四周，想求助一下圖書業務人員，可是找了半天，也沒有看到圖書區業務人員的影子。

　　就在王先生想要放棄的時候，這時，他看到轉角處一個角落裡一群顧客圍著一個業務人員，他確信這就是圖書區的業務人員。終於看到希望了，於是他也走了過去，想尋求幫助。

　　「您能幫我找本書嗎？」王先生問道。

　　那名業務人員只顧低著頭幫另一名顧客找書，壓根沒有理會王先生。王先生有些不耐煩了，又問了一遍：「xxx（書名）在哪裡？」那名業務人員還是忙著接待另一名顧客。

　　旁邊一位老爺爺無奈地對王先生說：「算了，我在這裡等

了半天了,他都沒有反應。猜想他太忙了,我還是到別的地方去買吧!」說完,搖了搖頭走開了。王先生也失望地走了。

每到週末或者節假日,店鋪可能會迎來購物高峰期。這個時候,每個貨區可能都會聚集很多顧客,而店鋪的員工又都是固定人手,通常不會因為週末人多就臨時僱用別的工讀生。這時候,就需要每位業務人員都要有服務技巧了,不能因為顧客比平時多就只接待一部分而忽視了另外一部分,真正做到「接一、顧二、招呼三」,不能落下一位顧客。

案例裡面的圖書業務人員就是只一門心思替一位顧客找書,而忽視了其他顧客,面對顧客的請求,沒有一點反應。這樣,只會讓顧客感覺到自己不受重視,寧可不買而選擇離開。這樣,店鋪就讓顧客留下接待不周的印象,雖然服務了少數顧客,卻丟了大多數顧客。

所以,業務人員無論多忙,對於每一位顧客都要第一時間予以接待。即便是不能立刻解答顧客的疑問,也要安慰顧客,向顧客說明自己的難處。業務人員只要向顧客說明情況,短時間的等待顧客都是可以接受的。而對顧客置之不理就是對顧客的冷淡,也是業務人員的失職,是絕對不會得到顧客諒解的。

在店鋪經營過程中,顧客不會總是分散著來,銷售尖峰是很常見的情況。此時,店鋪裡顧客多,需求也多,就會發生「一對多」的局面,一名員工同時需要服務多名顧客,業務

第三章　FAB，永遠的「銷售技巧榜」榜首
—高 EQ 的業務員善於使用銷售技巧

人員的接待速度就和顧客的要求發生了矛盾。每位顧客都希望得到和平時一樣的服務，而業務人員每次只能服務一名顧客。在這種情況下，業務人員要耳目靈敏，沉著冷靜，聚精會神地接待好顧客，盡可能做到「接一、顧二、招呼三」，即接待第一個顧客時，同時詢問第二個顧客要買點什麼，順便招呼第三個顧客，「對不起，請稍等一下」。

當然，也要具體問題具體分析。例如對趕車趕船的顧客，員工可以用商量的口吻和其他顧客打個招呼，優先接待；對購買單一商品，不需要挑選和找零的顧客，可以在接待其他顧客的同時，快速接待。服務的順序應該按顧客先來後到的順序，還要注意隨時安撫等待顧客的情緒，不要讓他們感覺自己被冷淡，不要讓顧客等得太久。這樣，才能讓所有的顧客都能買到想要的商品，樹立店鋪良好的形象和口碑。

■「接一、待二、招呼三」完美接待多個顧客

生意不好的時候，業務人員會很焦急；但當生意太好的時候，也會因為顧客太多照顧不周而引起顧客的不滿。比如下面這三句話就是刺激顧客最常見的語言：

「不好意思，人太多了，您等一下再來吧！」

這句話表面上似乎很有禮貌，實際上是在趕顧客。很少有顧客聽到這句話之後還會回來的。

「接一、待二、招呼三」完美接待多個顧客

「您先等等,我正忙著呢!」

這句話非常沒禮貌,顧客聽到這句話心裡肯定不舒服。

「要不然,您下次再來?」

讓顧客感覺自己受到了冷落,覺得這是業務人員在趕自己走。

當多個顧客同時進店的時候,業務人員不能因為一個顧客而忽視或者怠慢了其他顧客。要眼觀六路耳聽八方,無論有多忙,都應該用親切的笑容和溫暖的聲音回覆顧客的問題,讓顧客在店內的任何角落都能感受到對他的尊重、重視、耐心和周到。

在忙碌時刻接待多位顧客時,業務人員可以用「接一、待二、招呼三」的方式來避免進店顧客的流失。「接一、待二、招呼三」,即真誠接待第一位顧客,關心詢問第二位顧客,細心招呼第三位及其他顧客。在實際應用的時候,可以先接待第一位顧客,讓其他兩位稍等,可以跟他們說「您稍等片刻,我馬上過來」,讓顧客理解,在等待的過程中保持良好的情緒;在接待第二位顧客的時候我們可以說「不好意思,讓您久等了」;等接待第三位顧客的時候,可以採用對待第二位顧客的方式,並以此類推。下面這幾位業務人員在接待多位顧客時所說的話就比較到位:

第三章　FAB，永遠的「銷售技巧榜」榜首
─高 EQ 的業務員善於使用銷售技巧

- 「午安，歡迎光臨！真的很對不起，現在人實在是太多了，您可以自己先看看有沒有喜歡的，看到喜歡的就叫我一聲，我會馬上過來為您服務，您看可以嗎？」（對剛進店的顧客）
- 「晚安，歡迎光臨！實在太抱歉了，這個時段購物的人比較多，您是自己先看看有沒有喜歡的，還是稍坐片刻讓我陪您細心挑選呢？」（對剛進店的顧客）
- 「不好意思，讓您久等了，您問的是這條裙子吧！小姐的眼光真好，這款可是我們的鎮店之寶，也是今年最流行的款式。我馬上幫您找適合的尺寸。」（對等待詢問的顧客）
- 「對不起，讓您久等了！您先看一下商品，我招呼一下那邊的顧客，您看好了就叫我，我會立即過來的！」（對準備挑選的顧客）

■ 學會用技巧讓顧客說「是」

在銷售中，運用一定技巧讓顧客說「是」且使其保持一定的慣性，最終你的產品同樣會被顧客認可說「是」。

優秀的業務人員可以讓顧客的疑慮通通消失，祕訣就是盡量避免談論讓對方說「不」的問題。而在談話之初，就要讓

他說出「是」。銷售時，剛開始的那幾句話是很重要的。

例如：

「您好！……我是ＸＸ汽車公司派來的，是為了轎車的事情前來拜訪您的……」

「轎車？對不起，現在手頭緊得很，還不到買的時候。」

很顯然，對方的答覆是「不」。而一旦顧客說出「不」後，要使他改為「是」就很困難了。因此，在銷售之前，首先就要準備好讓對方說出「是」的話題。

最關鍵的是想辦法得到對方的第一句「是」。這句「是」本身雖然不具有太大意義，但卻是整個銷售過程的關鍵。

「那你一定知道，有車庫比較容易保養車子？」除非對方存心和你過意不去，否則，他一定會同意你的看法。這麼一來，你不就得到第二句「是」了嗎？

優秀的業務人員一開始和顧客會面，就會留意向顧客做些對商品的肯定暗示。

「夫人，您的家裡假如用本公司的產品裝飾，那肯定會成為鄰里當中最漂亮的房子！」

當他認為已經到了探詢顧客購買意願的最好時機，就這樣說：「夫人，您剛搬入新建成的高級住宅區，難道不想買些本公司的產品，為您的新居增添幾分現代情趣嗎？」

優秀的業務人員在交易一開始時，就會利用這個方法給

第三章　FAB，永遠的「銷售技巧榜」榜首
　　　　—高 EQ 的業務員善於使用銷售技巧

顧客一些暗示，顧客的態度會立即變得積極起來。等到進入交易過程中，顧客雖對業務人員的暗示仍有印象，但已不認真留意了。當優秀的業務人員稍後再試探顧客的購買意願時，他可能會再度想起那個暗示，而且還會認為這是自己思考來的呢！

顧客經過商談過程中長時間的討價還價，辦理成交又要經過一些瑣碎的手續，所有這些都會使顧客在不知不覺中將業務人員預留給他的暗示，當作自己所獨創的想法，而忽略了它是來自他人的巧妙暗示。因此，顧客的情緒受到鼓勵，定會更熱情地進行商談，直到與業務人員達成交易。

「我還要考慮考慮！」這個藉口也是可以避免的。一開始商談，就立即提醒對方應當機立斷就行了。

「你有目前的成就，我想，也是經歷過不少大風大浪吧！要是在某一個關頭稍微一疏忽，就可能沒有今天的你了，是不是？」不論是誰，只要他或她有一丁點成績，都不會否定上面的話，等對方同意甚至大發感慨後，業務人員就接著說：

「我聽很多成功人士說，有時候，事態逼得你根本沒有時間仔細推敲，只能憑經驗、直覺而一錘定音。當然，一開始也會犯些錯誤，但慢慢地判斷時間越來越短，決策也越來越準確，這就顯示出深厚的功力了。猶豫不決是最要不得的，很可能壞大事呢。對吧？」

即使對方並不是一個果斷的人,他或她也會希望自己是那樣的人,所以對上述說法點頭者多,搖頭者少。因此下面的話,就順理成章了:

「好,我也最痛恨那種優柔寡斷,成不了大器的人。能夠和你這樣有決斷力的人談,真是一件愉快的事情。」這樣,你怎麼還會聽到「我還要考慮考慮!」之類的話呢?

任何一種藉口、理由,都有辦法事先堵住,只要你好好動腦筋,勇敢地說出來。也許,一開始,你運用得不純熟,會碰上一些小小的挫折,不過不要緊,總結經驗教訓後,完全可以充滿信心地事先消除種種藉口,直奔成交,並鞏固簽約成果。

第三章　FAB，永遠的「銷售技巧榜」榜首
　　　　—高 EQ 的業務員善於使用銷售技巧

第四章
把任何東西賣給任何人
—— 以女性顧客為例,
展現高 EQ 銷售經典案例

第四章　把任何東西賣給任何人
―以女性顧客為例，展現高 EQ 銷售經典案例

■ 別放過女性非理性消費行為的契機

業務人員大多數都有這樣的心得：女性消費族群是最具有消費主動性且最無理性的一類消費者。女性消費者大都情感豐富細膩，心境變化激烈，喜歡幻想，雖然也喜歡精打細算，但同時她們的購買動機中又帶有很強烈的感性色彩。當她們產生購物衝動的時候，不管價格有多麼令人瞠目結舌，她們都有可能立即掏錢購買。

一日，一對情侶逛街。原本，男友只是想陪女友散散心，沒想到……女友進入一家飾品店，先看到一對耳環，標價 500 元。

女友：「親愛的，你對我的愛是不是無價的？」男友：「真愛無價。」

女友：「那……這個，我好喜歡，買了吧。」男友立刻去結帳。

這時，店主對女友說：「小姐，我們這裡還有項鍊、手鍊，可以跟您的耳環搭配，非常時髦，要不要看看？」

女友被說動，一一試戴，感覺不錯。

見男友回來，接著說：「親愛的，你對我的愛是不是無價的？」男友：「那還用說，真愛無價。」

女友：「那……你看這些首飾和我很搭的哦，也買了吧。」男友再去結帳，消費掉 15,000 元。

別放過女性非理性消費行為的契機

店主又走過來說:「小姐,我們這裡剛好有一批新款珍珠頭飾,既漂亮又高貴,要不要也看看?」

女友看到很多閃亮的頭飾,愛不釋手,拿了四五個,衝出來對男友說:「親愛的,你對我的愛是不是無價的?」

男友一看女友的架勢,非常尷尬,不得不接著刷卡。

相對於男性來說,有些女性在購物方面是毫無理性的。故事中的這個女友就是一個很典型的代表,喜歡什麼東西就一定會想著要得到,一衝動就不顧後果。而這種經歷大多數女性都有過。據一項科學調查顯示,90% 的 18～35 歲的女性都有過非理性消費行為,她們總是有很多的消費理由,甚至,非理性消費占女性消費支出 1/5 以上。她們在進入店鋪之前可能已經做了周密的購物計畫,但是卻常常買回很多自己喜歡但卻並不實用,甚至根本用不上的商品。

據統計,50% 以上的女性在發了薪資後會增加逛街的次數,40% 以上的女性在極端情緒下(心情不好或者心情非常好的情況)增加逛街次數,其發生機率和男性去喝酒(開心時和不開心時)的機率幾乎相同。可見,購物消費是女性緩解壓力、平衡情緒的方法,不論花多少錢,只要能調整好心情,80% 左右的人都認為值得。

除此之外,女性的敏感情緒還容易受到人為環境的影響。例如:受到打折、促銷等環境因素的影響。據國外專家針對 18～35 歲青年女性的調查顯示:因打折優惠影響而購

第四章　把任何東西賣給任何人
　　　　——以女性顧客為例，展現高 EQ 銷售經典案例

買不需要物品的女性超過 50%，因商品店內的流行氛圍和現場展銷而消費的女性超過 40%，因受到業務人員誘導而不當消費的女性超過 50%。另外，女性在選擇物品時，態度更傾向於猶豫和動搖，形成過度消費，尤其是在面對眾多種類的商品時。

女性的這種非理性消費，對業務人員的銷售是最為有利的。針對她們的這種非理性消費特點，業務人員可以透過擺放豐盈的商品、打折促銷、營造店內時尚氛圍、巧妙勾動她們那根衝動消費的心弦等方式來引誘她們衝動消費。

■ 多點親和力，學會和顧客閒話家常

時常有業務人員認為，與顧客談話，就應該言簡意賅，直奔主題。為什麼要這麼做呢？原因如下：第一，節省了彼此的時間，讓顧客感覺自己是個珍惜時間的人；第二，認為這樣提升了效率。事實上，這些都是業務人員自己的一廂情願。

如果我們平時和顧客就是這種談話風格，那麼趕快檢討一下自己。其實，這樣的做法多半會讓人反感，顧客會以為你和他只是業務關係，沒有人情味。當然，當他為了你的預約而等候半天時，你的直奔主題常常會令他覺得很不受用，彷彿你是日理萬機抽空來看他一眼似的。

多點親和力，學會和顧客閒話家常

正確的做法是我們必須學會和顧客適當地談談題外話，這樣也更容易成功。所謂題外話就是說些圍繞顧客的家常話，如同一位關心他的老朋友一般，但不要涉及他的個人隱私。

林小艾是某化妝品公司的美容業務人員，也是位善於觀察的行家。一次，她要去拜訪一位OL張小姐。

那日，林小艾去的正好是張小姐剛剛裝修好的新家。張小姐的家布置得十分古典，韻味十足，如詩如畫的環境無不向外人展示著女主人的品味與愛好。

林小艾看到了這一點，不著痕跡地詢問起她的每一件家居的來歷，並表示出極大的讚賞。張小姐自然很開心地和她聊天，她們從家居的風格到風水，再到新女性的經濟獨立、人格獨立，天南地北談了兩個多小時，卻對化妝品隻字未提。

末了，張小姐一高興，買了許多昂貴的化妝品。此後，張小姐成為林小艾的老主顧，並為她介紹了不少新顧客。

一份難能可貴的顧客關係就由一次不經意的閒話家常開始。閒話家常看似簡單，實則非常有學問。這需要我們練就一雙火眼金睛，能迅速找到顧客的興趣點和令其驕傲的地方。

一名成績顯著的業務人員這樣講述他的一次難忘的經歷：

有一次我和一位富翁談生意。從上午11點開始，持續了6個小時，我們才出來放鬆，就到附近咖啡館喝了一杯咖

第四章　把任何東西賣給任何人
　　—以女性顧客為例，展現高 EQ 銷售經典案例

啡。我的大腦真有點麻木了，那位富翁卻說：「時間好快，好像只談了 5 分鐘。」

　　第二天繼續，午餐以後開始，2 點到 6 點。要不是富翁的司機來提醒，我們可能要談到夜裡。再後來的一次，談我們的計畫只花了半小時，聽他的發跡史卻花了 9 個小時。他講自己如何赤手空拳打天下，從一無所有到創造一切，又怎樣在 50 歲時失去一切，又怎樣東山再起。他把想對人講的事都跟我說了，80 歲的老人，到最後竟動了感情。

　　顯然，很多人只記得嘴巴而忘了耳朵。那次我只是用心去傾聽，用心去感受，結果怎樣？他跟我簽了一筆自我踏入業務行業以來做過的最大的生意。

　　從上述案例，我們可以發現，人們往往缺乏花半天時間聽業務人員介紹產品的耐心，卻願意花時間同那些關心自己需要、問題、想法和感受的人在一起。業務人員應當好好利用人們的這一心理，有效提升銷售的成功率。

■ 發揮右腦優勢轉移顧客的左腦思維

　　在銷售的後期，顧客難免會進行理性思考，這時業務高手要能讀懂顧客的左右腦，強化顧客的右腦以促進決策。

　　小陳是某公司的一名業務人員。一天，一位年輕的女士來到商場，向他諮詢了一套優質化妝品，並對這套產品表現

發揮右腦優勢轉移顧客的左腦思維

出很強的購買欲望。這套化妝品價值將近5萬元，在即將結帳的時候，她拿著筆，問小陳：「我是不是太衝動了？才來一次就決定購買了！」

小陳陷入了兩難的境地，如果承認顧客衝動，那麼是否意味著顧客應該深思熟慮一下呢？如果否認顧客這是衝動，這不是明顯與事實衝突嗎？畢竟是久經考驗的優秀業務人員，他沉著地回答：「當然是衝動啦！買這套化妝品的人有誰不衝動？這套產品就是打動人！這位小姐您是支付得起您的衝動，有多少人有這個衝動卻沒有能力支付。擁有這套產品是一種豪華的衝動，喜歡才是最重要的，您喜歡嗎？」

顧客邊聽邊頻頻點頭，連連說「對」，毫不猶豫地付了款。

這就是一個善於把握顧客想法的銷售案例，讀懂了顧客，就能夠在產品銷售中產生事半功倍的效果。

在這個案例中，女性顧客看好了一套化妝品，即將簽單時問業務人員：「我是不是太衝動了？才來一次就決定購買了！」這是典型的左腦思維，當面臨決策時，尤其是如此高價位產品採購的決策時，難免會調動左腦思考，究竟是否值得。

面對這種情況，小陳要做的就是發揮右腦優勢轉移顧客的左腦思維，他這樣回答：「當然是衝動啦……」這是典型的強化右腦的策略，促使潛在顧客繼續使用右腦思考，阻止

第四章　把任何東西賣給任何人
── 以女性顧客為例，展現高 EQ 銷售經典案例

顧客的左腦進行系統的、邏輯的思維。透過強化顧客的右腦作用來渲染一種氛圍，引導顧客決策，而這個決策就是典型的右腦決策，引導最後順利簽單。這是業務人員右腦策略的勝利。

值得注意的是，案例中的顧客有其特殊性，她是女性顧客，女性的特點是在處理問題時，表現得比較感情用事，容易隨著自己情緒的變化而變化。面對女性顧客時，更需要抓住最佳時機，讀懂她的左右腦變化，這對於銷售是相當重要的。

業務人員要樹立起這樣一種理念：銷售本身是一種對顧客需求的導向。正是基於這種導向，我們進入了「引導式銷售」時代。在這一特殊的時代中，「讀懂顧客的左右腦」是完成銷售的必經戰役。這就要求業務人員對顧客的左右腦的「運作流程」要有完善的把握，在最大程度上滿足顧客的需求，並且引導顧客發現他們所沒有發現的需求。

可見，有效判別顧客的類型，並且了解顧客左右腦的使用情況，從而迅速確定潛在顧客的哪個大腦對業務人員有利，之後決定引導顧客使用那個大腦，並透過有效的左右腦計畫來實現，是贏得全腦銷售賽局的完美策略。

■ 絕不可以忽視顧客的同伴

很多顧客都喜歡和朋友們一起逛商店、買東西,特別是女性顧客。她們把一起逛街買衣服、飾品等當成一種消遣,同時也覺得朋友們可以提供自己一些參考,不至於挑走眼,或者是「被宰」。

在對待這類顧客的時候,不僅要考慮顧客的感受,還要考慮顧客身邊人的感受和微妙變化。因為顧客的朋友雖然沒有決策權,但他們對顧客的購買決定會產生重要的影響。如果顧客的朋友說「不好看」、「不好用」等反對意見,顧客大都會因此不予購買,這句話非常有殺傷力,任業務人員說多少話都很難改變她們的決定。再怎麼有主見的顧客,也會因為朋友們的反對而再三猶豫。

所以業務人員在整個銷售過程中,千萬不能忽視顧客的同伴。我們可以透過善意的目光、讚美、諮詢意見等方式,讓顧客的朋友們覺得自己也受到了尊重和重視。如果顧客帶著小孩,我們可以先和小孩拉近關係,問問他的年齡,在哪裡上學;如果顧客帶著女性朋友,可以透過讚美獲得她的好感。比如我們可以參照這樣的場景對話:

「妳男朋友對妳真好,大熱天還陪妳出來逛街,真是幸福。今天是幫男友買東西,還是買自己買呢?」

第四章　把任何東西賣給任何人
　　　—以女性顧客為例，展現高 EQ 銷售經典案例

「看妳們有說有笑的，一定是好姐妹吧？妳們儘管挑、試個夠，難得今天有這麼貼心的『參謀』在，是不是？」

在銷售中，陪伴購物的關聯人越多，銷售的難度就越大。有的時候，顧客很喜歡某件商品，可是朋友會說：「我覺得很普通，再到別的地方看看吧。」這時，業務人員可能會著急地說「不會啊，我覺得很好看」、「這個很有特色啊，怎麼會不好呢？」這兩種說法缺乏充分的說服力，純屬業務人員自己「討打」的錯誤應對，很容易導致顧客的朋友與業務人員的對立情緒，不利於營造良好的銷售氛圍。

有些業務人員則會口不擇言地說「這是我們這季的主打商品」，這個更是「牛頭不對馬嘴」的回答。甚至有些業務人員會說「別管別人怎麼說，您自己覺得好就好」，更容易招致顧客朋友的反感。並且，顧客肯定是站在朋友一邊的，就算是為了給朋友面子，也極有可能終止購買，因為很少有顧客願意冒著得罪朋友的風險來購買商品。

最愚蠢的業務人員就是將自己與顧客身邊朋友的關係搞得很僵，這無助於問題的解決及產品的推薦。如果銷售中確實出現了陪伴者的消極行為，為了增加銷售的成功率，我們最好拉攏顧客身邊的朋友，共同為顧客推薦。比如：

業務人員：「（對顧客的朋友說）這位美女不僅很會買衣服，而且對自己的朋友也很用心。可不可以請教一下，您覺得什麼樣的款式更適合您的朋友呢？」（拉攏顧客的朋友）

顧客的朋友：「這款裙子稍微短了點，我覺得那款長裙她穿起來會更好看。」

業務人員：「您真是太會穿衣服了，我也覺得這款長裙穿在她的身上的確很顯身材，而且非常陽光時髦！真是對不起，我剛才忽略了這款裙子。（對顧客說）美女您就先試一下您朋友推薦的這款長裙吧？」（顧客不試顯得不給朋友面子，這樣就巧妙地改變了「敵我力量對比」）

其實，顧客的朋友也可以成為我們成功銷售的幫手，關鍵是看我們如何運用她們的力量。

■ 了解顧客是自用還是送人後再推薦

現在大多數人買東西都是要麼上街逛店，要麼自己上網找，其中不乏有一些顧客並不是幫自己買。比如有些顧客喜歡買禮品送給家人、長輩、親戚、男女朋友等人。所以業務人員很有必要弄清楚顧客是為誰而買的，如果搞錯了就會造成推銷失敗。比如：當顧客在明顯不屬於自己性別或者年齡層的商品面前流連忘返時，業務人員腦子裡就要亮起這樣一個訊號：「顧客不是為自己購買，而是買了送給別人的。」

因為購買的目的不同，顧客在為自己和為別人的心態是完全不同的。如果顧客是買給自己的，他可能會很注重美感、品味、價格實惠等方面的因素；如果顧客是買來送給別

第四章　把任何東西賣給任何人
　　　——以女性顧客為例，展現高 EQ 銷售經典案例

人的，他可能會更注重商品在大多數人眼裡是否看起來「體面」，是否拿得出手等方面的因素。但是很多時候，業務人員都會忽視這個區別，犯下一些錯誤：

- 「這件商品您是自己用嗎？」（顧客會覺得這樣的問題很可笑）
- 「我覺得這款不適合您，您應該看看這款。」（不清楚顧客是為誰購買的，容易引起誤會）
- 「這是男士專區，女士專區在那邊。」（沒找出顧客的真實需求，萬一是女性要為自己的男友或者老公購買呢？這麼一問只會讓她覺得很尷尬）
- 「美女，這邊是兒童用品區，您想幫孩子看點什麼？」（萬一顧客童心未泯，想替自己購買呢？）

如果業務人員看到男士在看一些女性用的產品，或者是女性在看一些男士商品，再或者是年輕人在看老年人用的商品時，我們可以用「您好，您是在幫朋友挑選商品嗎？」來開啟話題，然後再用更詳盡的提問來設法弄清楚顧客的購買意圖，為後面推薦具體商品來做鋪陳。

◆ **場景一：（女孩走進了男士專區）**

　　業務人員：「美女您好，今天想看點什麼呢？」

　　顧客：「我想選一款男士洗面乳。」

　　業務人員：「好的，您是買來送人的吧？這邊請！」

對優柔寡斷的顧客只提供唯一選擇

◆ 場景二：(年輕人看老年人的衣服)

業務人員：「請原諒我的冒昧，您是在為長輩選衣服吧？」

顧客：「對，我想替爸爸買一件羊毛衫作為生日禮物。」

業務人員：「您真是一位孝順的好女兒，冬天幫老人家買羊毛衫最溫暖、最貼心了。您老爸收到禮物的時候心裡一定很高興！您知道他穿什麼 size 的衣服嗎？」

◆ 場景三：(老年顧客在年輕人的櫃檯看商品)

業務人員：「很冒昧地問一下您，您是買自己用的呢，還是買來送人的呀？」(提供選擇，讓顧客更容易回答一些)

顧客：「買給我兒子的。」

■ 對優柔寡斷的顧客只提供唯一選擇

如果一位顧客總是猶豫不決，業務人員給出不超過三個選擇也無法讓顧客下定決心的話，那麼你不妨只提供唯一的選擇。

業務人員：「女士您好！歡迎光臨 xx 商城！」

顧客：「嗯，您好，我想幫我男朋友買一款電動刮鬍刀。」

業務人員：「哦！呵呵，您真體貼！請問您男朋友喜歡什

第四章　把任何東西賣給任何人
　　　——以女性顧客為例，展現高 EQ 銷售經典案例

麼款式的呢？他是走威猛路線還是精緻路線呢？他的鬍鬚是比較少還是比較多呢？」

顧客：「嗯……他人就那樣，一般的外貌吧！」

業務人員：「哦！那麼這幾款產品應該會受到您男朋友的歡迎，因為這款刮鬍刀銷量不錯，很多女性朋友都是選擇這幾款送給男朋友做禮物的。」

顧客：「顏色如何？」

業務人員：「這裡有三種顏色，黑、白和深藍色，我覺得這幾款和您男友的精神面貌應該頗為符合。」

顧客：「是嗎？」

業務人員：「我覺得您很賢惠，僅憑這一點，刮鬍刀的更詳細規格就不用再考慮了，您只需要在這幾款電動刮鬍刀中選擇一款就會非常好。」

顧客：「唔……」

業務人員：「您看，我們共有三款設計。站在送禮物的立場上，我建議您選擇深藍色款式，您覺得呢？」

顧客：「但是我覺得白色款式也不錯……」

業務人員：「白色款式確實也不錯，但是稍微花了點。我還是建議您選擇深藍色款式，價格優惠，品質又不錯。您說呢？」

顧客：「說的也是。好吧，那就拿深藍色款式吧！」

業務人員：「謝謝，您的選擇肯定不會錯的，您的男友也一定會非常高興。」

對優柔寡斷的顧客只提供唯一選擇

上述例子中,業務人員只提供了三種款式的電動刮鬍刀給顧客,但當他發現這位顧客是猶豫不決類型的顧客時,就立即給她深藍色款式這唯一的建議,這樣一來才促使顧客下決心購買。而對於這種類型的顧客,即使與對方達成了初步的協議,也不要顯得過於得意,否則他們有可能反悔。

猶豫不決類型的顧客做事謹慎,考慮問題全面周到,但往往患得患失,拿不定主意。他們對於產品或服務往往會從各個方面考慮利弊得失。因為他們的風險意識很強,所以也會對產品或服務顯得十分挑剔,而且輕易不會做出決定。遇到猶豫不決類型的顧客,不要急功近利,要耐心為他們分析利弊得失,消除他們內心的疑慮,最好就是縮小可供他們選擇的範圍,使他們最終下定決心購買產品。

應付猶豫不決型的顧客還可以給他們製造點緊迫感。人們往往對於常見的東西不珍惜,對於稀有的東西就珍惜不已。何況是猶豫不決型的人,他們害怕丟失機會。比如,你可以說:「這是最後一批貨了,以後沒有了,也不會再生產了。到時,您想買也買不到了。」「我是真心想幫您,但您錯過了這個機會,我想幫您也幫不到了。」

如此一來,產生的效果也很不錯。因為猶豫不決型的顧客受不了這種緊迫感,最終就會答應購買產品的。

幫助顧客下定決心,替顧客做決定。但是你要讓顧客覺

第四章　把任何東西賣給任何人
—以女性顧客為例，展現高 EQ 銷售經典案例

得這是他自己做的決定，而不是你代他做的決定，亦即以不傷顧客自尊心為原則。

■ 侵害顧客的合法權益是飲鴆止渴

　　侵害消費者合法權益的行為是飲鴆止渴，這樣的公司不會基業長青，作為業務人員，要加強自己的服務意識，努力把公司的服務做到最好。

　　一位女顧客帶著讀中學的兒子來到 K 賣場一樓鐘錶櫃檯，請業務人員檢查，因為才網購 6 天的「防水電子手錶」就已經出現漏水現象。顧客說：「你們這支錶品質有問題，買了還沒一個禮拜就出現問題。夜視指示燈按鈕不靈，有時可以按亮，有時就不行，下雨天就進水，裡面全是霧氣。」業務人員檢查了一下，發現確實是有點問題。

　　顧客：「那現在怎麼辦呢？」

　　業務人員：「在 7 天之內可以換貨。」

　　顧客：「那正好，我買了才 6 天，9 月 1 日買的，應該可以換貨。」

　　業務人員一聽，馬上說：「哎呀，不好意思，但您要能證明不是您人為造成的才能換貨。」

　　「不是吧？」顧客不相信地看著業務人員。

　　業務人員馬上接過話：「這是《消費者保護法》規定的，

侵害顧客的合法權益是飲鴆止渴

不是我亂說的。」

顧客懶得與業務人員進行理論，就說：「那就維修吧，多久可以取貨？」

業務人員：「至少要15天。」

顧客：「太久了，能不能快一點？小孩讀書天天要用錶。」

業務人員：「最快也要10天，修好了，我們會打電話通知您。」

顧客：「如果修好後再壞了怎麼辦？」

業務人員：「如果修了三次還修不好，就可以換一支。」

顧客：「那多麻煩，你們應該讓顧客多考慮一下，不要讓顧客來回跑，這樣會使顧客流失掉的。」

顧客帶著孩子離開鐘錶櫃檯去購物，孩子還在說：「以後不要來這裡買了。」

上述場景中業務人員因為怕顧客換貨而有意扭曲法律條文，因為《消費者保護法》是這樣的：「通訊交易或訪問交易之消費者，得於收受商品或接受服務後七日內，以退回商品或書面通知方式解除契約，無須說明理由及負擔任何費用或對價。」很明顯，場景中的賣場業務員侵害了消費者的合法權益。

銷售的完成不是將商品賣出去就完成，而應當是顧客使用滿意後才能算作銷售的完成，但很多賣場員工的這種意識

第四章　把任何東西賣給任何人
　　　——以女性顧客為例，展現高 EQ 銷售經典案例

還不是很強，往往忽略了商品的品質給顧客帶來的麻煩及後面的潛在危機（不願再來購買）。售後服務不完善會使公司的信譽度在消費者心目中大幅下降，最終影響到公司的生存能力。所以做好售後服務，對提升賣場的美譽度有重要作用。

　　商品品質出現了問題，應當用較好的售後服務進行彌補，「亡羊補牢，猶未為晚」。但有些賣場的業務人員為了不讓顧客退貨或換貨，刻意編造一些謊言欺騙顧客，對於不熟悉法律的顧客可能輕易矇騙過關；對於懂法律但不願爭吵的顧客，只是在心裡好笑，懶得爭論，下次不來就是；還有些顧客既懂法律又脾氣暴躁，可能就會將矛盾激化。因此，作為工作人員還是應當誠實對待所有顧客，一視同仁，讓顧客從內心感受到賣場的真誠，來到賣場有賓至如歸的感覺，這樣才能給賣場帶來效益。

■ 抱怨無妨，妥善處理才是正道

　　在銷售過程中，業務人員可能會遇到客戶的種種抱怨。抱怨主要是指客戶對商品的品質、效能或者服務品質不滿意的一種表現，一般來講，它可大可小，可有可無，但是卻不能忽視。如果在銷售過程中，業務人員不能正確地處理客戶的抱怨，那麼將會給自己的工作帶來極大的負面影響。因為一個心生不滿的客戶可能會把他的不滿意告訴身邊所有的親

抱怨無妨，妥善處理才是正道

朋好友，而他的親朋好友也同樣會把他的這種遭遇再告訴給自己的親朋好友。時間長了，產生的破壞力是不可低估的。所以說，要學會積極回應客戶的抱怨，妥善解決客戶遇到的問題。

有一天，在某冷氣服務中心，來了一位張女士。張女士一進門就怒氣沖沖地問服務臺的工作人員，冷氣安裝的韓師傅在哪裡，服務臺李小姐忙問有什麼事情可以幫忙。張女士說，韓師傅早上安裝的冷氣品質太差，要求退貨。

面對情緒激動的張女士，李小姐沒有急於詢問是什麼原因，而是把張女士請到接待室，端來一杯茶水先安慰對方不要著急，有什麼問題一定會得到解決，他們絕不會不負責任等等。

面對滿面笑容的李小姐，張女士不好再盛氣凌人，態度也漸漸地緩和了下來。原來張女士家早上剛剛安裝的冷氣，中午剛開機不久就停止運轉，無論怎麼遙控，也無法啟動，看來是冷氣品質不好，因而要求退貨。

面對張女士的陳述，李小姐沒有隨意發話，而是與張女士商量，先派師傅隨其前往，檢查一下冷氣，如果確實是冷氣品質有問題，保證給予調換新的冷氣或者退貨。對於這種合乎情理的安排，張女士表示同意。

於是，冷氣師傅立即前往張女士家，經過檢查發現，是冷氣專用的電源開關保險絲容量過小，導致超過負載而熔斷。冷氣師傅重新換上大號的保險絲後，冷氣運轉正常。

第四章　把任何東西賣給任何人
——以女性顧客為例，展現高 EQ 銷售經典案例

面對良好的服務，張女士感到了自身行為的不妥，不僅向冷氣師傅致謝，還特意打電話到服務中心向李小姐表示歉意。

李小姐深知先安撫客戶情緒的重要性，面對張女士的怒氣，沒有計較，更沒有與之吵鬧，而是給予了理解與寬容，一切都在平心靜氣中得以化解。更可貴的是，李小姐懂得從張女士的利益與關注點出發，及時承諾企業應有的服務責任和服務保證，讓對方放心，並及時地提出符合客戶利益和要求的服務方案，這是李小姐成功的關鍵。

有時，顧客抱怨與投訴，是希望能給個說法或得到補償，同時想發洩個人的不滿以得到情感補償。這時，業務人員要對客戶表示理解，盡量讓客戶平靜下來，鼓勵客戶把心事說出來，千萬不要逃避責任，指責對方，也不要半途插話，更不要辯解或對客戶發脾氣，以致引起更大的對抗或衝突，而應了解客戶的真實情況，迅速發現客戶投訴的問題，清楚客戶的期望所在，及時給予安撫和平息，有針對性地解決客戶的問題。

■ 顧客投訴有會員卡卻不能享受會員待遇

店鋪要對會員產生吸引力，就必須樹立以會員為中心的零售觀念。而會員卡能否攏住消費者的心，關鍵是看消費者能否從會員卡消費中真正獲益。

顧客投訴有會員卡卻不能享受會員待遇

一天下班後,王女士去經常消費的飾品店買了一件首飾,來到收銀臺結帳。突然王女士大聲喊:「這是怎麼弄的?我的卡怎麼就不能用了呢?以前買什麼都可以打7折,現在為什麼不能打折?你們這不是騙人嗎?我要去跟媒體爆料!」

雖然王女士說得很氣憤,但在場的業務人員也沒有理會她。王女士見無人反應,又繼續大聲喊:「你看,這是我以前花1,000元辦的會員卡,以前買什麼都打折,現在買什麼都不打折,這到底是怎麼回事啊?你們得給我一個明確的答覆。」

她的喊叫讓周圍的顧客紛紛駐足探望,投來好奇的目光,看到這種情況,旁邊的一位業務人員拿過王女士手中的卡看了看,對王女士說:「您好,您的這張卡我也不太清楚究竟是什麼原因導致不能再繼續使用。您看這樣好不好,您先留下電話號碼,我把事情弄清楚後,再打電話給您,這樣行嗎?」聽她這麼說,王女士還是很不高興,不過總算不再大聲嚷嚷了。

後來了解到,王女士的會員卡到期了,但是之前業務人員不理不睬的處理態度,給顧客留下了十分不好的印象。

當出現上述情況時,業務人員應該馬上向顧客解釋,避免由於顧客爭吵而在賣場內引發其他不了解實情的顧客的不滿,給企業形象帶來不良影響。

業務人員如果當時不清楚此事,無法給顧客明確的解釋

第四章 把任何東西賣給任何人
―以女性顧客為例，展現高 EQ 銷售經典案例

與答覆，應該及時通知當天的值班經理給顧客答覆，而不是讓顧客回家等電話，等電話只是暫時緩解了顧客的情緒，但顧客的不滿依然存在。

因此，顧客與店鋪是一種多對一的關係，不能由於顧客多，就忽視每位顧客的重要性。只有把每位顧客的事都當成店鋪的事，才能以滿意的方式讓顧客獲得滿意的答案。

眼下越來越流行辦會員卡，因為會員卡可以有效地將一部分顧客穩定下來，從而保證賣場的銷售額。

會員卡是店鋪進行顧客關係管理的重要方式，可以幫助店鋪與顧客建立較好的連繫，縮短了商家與消費者之間的資訊溝通管道，直接與目標顧客進行一對一的交流，從而把顧客牢牢地團結在自己身邊，免受競爭者的侵擾。

因此，店鋪必須牢固樹立以會員為中心的零售觀念。零售觀念是零售商組織開展零售經營活動的指導思想，它表現了零售活動的出發點，是實現零售活動目的的綱領。

■ 顧客投訴價格標籤與商品不對應時怎麼辦

兩位年輕的女士在某眼鏡店選購時，價格標籤明明是 1,999 元，但是到收銀臺付款，打出的價格是 2,500 元。當下便詢問收銀員是怎麼回事，收銀員表示不清楚。於是兩位女士找到服務臺，進行投訴。她們將當時的情況告訴了業務

顧客投訴價格標籤與商品不對應時怎麼辦

人員，業務人員複核價格後，回來後便對顧客說：「小姐，1,999元是上週的促售價格，新的一週開始，已經恢復原價銷售了。」

兩位女士頓時便有點上當受騙的感覺，很生氣地說：「但上面並沒有2,500元的標價！」

業務人員：「兩位女士，實在不好意思，活動確實已經結束了。」

兩位女士依舊很生氣：「但上面標的就是1,999元呀。」

在該場景中，兩位女士因為價格標籤與商品實際價格不符而進行投訴，但業務人員的處理方式都極不負責任，敷衍了事。這樣必然會導致店鋪失去顧客，營業額減少，公司受損，自己失業。業務人員應該對顧客的投訴認真對待，樹立服務意識。

價格標籤不正確或不及時更換會給顧客造成誤會，也會帶來許多不必要的售後麻煩，這是許多購物商場的普遍現象。事實上，價格標籤與商品實際價格不符的行為已經構成了價格詐欺行為。因此遇到此類事件的投訴時，應該意識到問題的嚴重性，如果是己方的疏忽所致，應該向顧客致歉。

其實遇到這種情況，業務人員應該首先向該女士道歉，表示這是店鋪工作不到位所造成的，先暫時平息顧客的怒火。同時業務人員應該向周圍還在打聽發生什麼事的消費者解釋：「是價格標籤與商品沒有對應，我們會盡快處理好」，

第四章　把任何東西賣給任何人
──以女性顧客為例，展現高 EQ 銷售經典案例

圍觀的人就會逐漸散開了。

顧客遇到價格標籤與商品實際價格不符時，往往認為自己受到了欺騙，因此會帶著怨氣去抱怨。因此，顧客往往是為了發洩自己的不滿情緒，以釋放和緩解不愉快的心情。在處理此類投訴時，業務人員必要的道歉就會平衡顧客的心理，而業務人員的耐心及回應則會顯得尤其重要。業務人員應當以恰當的語言和友善的態度安撫顧客，並及時與相關部門或人員聯絡，確認問題所在，分清責任，並給予顧客合理的解釋。如果顧客的投訴仍然得不到解決，顧客源極易流失。對此，業務人員應該與顧客充分溝通，爭取顧客的理解與諒解。

第五章
讓「笑果」帶來「效果」
——高 EQ 告訴你該怎麼賣，幽默讓你賣得更多

第五章　讓「笑果」帶來「效果」
——高 EQ 告訴你該怎麼賣，幽默讓你賣得更多

■ 什麼都可以少，唯獨幽默不能少

當銷售過程中陷入尷尬、難堪時，業務人員可以用幽默來融洽彼此之間的連繫，使場面變得輕鬆，從而促進彼此之間的合作，進而發展更多的顧客。

業務人員：「您好！我是羅森密斯房產公司的業務人員埃羅‧漢斯特。」

客戶：「哦——（慢條斯理地）兩三天前一個 xx 房產公司的人已經找過我了，我是絕對不會購買的，所以無論你對我說什麼都是沒有用的，我看你還是去尋找別的客戶吧，免得浪費太多時間。」

業務人員：「真是太感謝您的關心了。不過，假如您在聽完我的介紹之後，還是不甚滿意的話，我當場跳樓自盡。無論如何，我都請您為我抽出點時間！」

客戶：「哈哈，你真的要跳樓自盡嗎？」

業務人員：「不錯，就像電影鏡頭中常見的那樣毫不猶豫地跳下去。」

客戶：「那好！我非要讓你跳樓不可。」

業務人員：「啊哈！恐怕我要讓你失望了，我非要用心介紹，直到你滿意不可。」（然後客戶和業務人員不由自主地一起大笑了）

可見，在銷售中，業務人員想要成功，還需要藉助幽默的力量。

許多人覺得幽默好像沒有什麼大的作用,其實只是他們不知道怎麼運用而已。

那種不失時機、意味深長的幽默更是一種使人們身心放鬆的好方法,因為它能讓人感覺舒服,有時候還能緩和緊張的氣氛,打破沉默和僵局。

據說,美國 300 多家大公司的企業主管,參加了一項幽默意見調查。這項調查的結果顯示:90% 的企業主管相信,幽默在企業界具有相當的價值;60% 的企業主管相信,幽默感決定著人的事業成功的程度。這一切說明,幽默對於現代人以及現代人的成功至關重要。因此,在電話銷售這種以語言溝通為主的銷售過程中,適當的幽默會讓客戶放下戒心,並能讓客戶與業務人員之間建立起融洽的溝通氛圍。

當然,在銷售中,幽默要運用得巧妙、有分寸、有品味。運用幽默語言時要注意:千萬不要油腔滑調,否則會讓人生厭;說話時要特別注意聲調與態度的和諧;是否運用幽默要以對方的品味而定。

此外,在你打算輕鬆幽默一番之前,最好先分析你的產品和你的顧客,一定要確信不會激怒對方,因為這種幽默對有些人來說根本不發揮作用,說不定還會適得其反。

第五章　讓「笑果」帶來「效果」
――高 EQ 告訴你該怎麼賣，幽默讓你賣得更多

■ 如何掌握幽默這門有效的口才技巧

通常來講，具有幽默感的業務人員，在日常工作中都會有比較好的人緣，他可以在短時間內縮短與顧客之間的距離，贏得顧客的好感和信賴。可是一旦業務人員缺乏幽默感，則不利於與顧客的交流，同時會使自己在顧客心目中的形象大打折扣。

所以，業務人員要努力做一個幽默高手，向成功之路步步邁進。那麼，如何掌握幽默的口才技巧呢？

◆ 學會自嘲

業務人員在與顧客溝通中，總會有處境尷尬的時候。這時，如果用自嘲來對付窘境，不僅能很容易地打破僵局，而且會產生幽默的效果。自嘲時要對著自己的某個缺點猛烈開火，單憑著這份氣度和勇氣，顧客也不會讓你孤獨自笑，一般都會跟著附和的。

◆ 機智詼諧

在銷售活動中，機智詼諧會讓你絕處逢生，柳暗花明。業務人員用機智詼諧的語言能有效擺脫自己的困境。在與顧客交談時，可以適當地開一些玩笑，但要注意掌握好分寸，不宜過頭。

◆ 巧用反語

在一些銷售場合，正話反說，反而會讓業務人員獲得出乎意料的效果。例如：某業務人員銷售電扇，顧客一直挑三揀四地嘮叨著。這時，業務人員順著顧客的意思說：「這電扇確實有點問題，花那麼多錢買到一件不如意的東西真是不划算！」顧客一聽，反而不好意思再說什麼了。接著，業務人員趁機同情地說：「不過電扇的價格比冷氣便宜，還比省電多了。」站在為顧客著想的立場講話，顧客從心裡更容易接受你的意見和建議，銷售也就變得容易多了。

◆ 善用誇張

根據產品的特點，巧妙地運用誇張的表達方式，往往能引起顧客的注意，從而激發他們的購買欲望。有一名銷售家庭用品的業務人員，每次在銷售時都會對顧客這樣說：「我能向您介紹一下該產品怎樣才能代替您的家務勞動嗎？」雖然產品不一定能完全代替家務勞動，但這樣的表達卻能吸引顧客的注意，從而為你的銷售開啟一扇門。

◆ 反差對比

把兩種毫不相關的觀念或事物放在一起，會形成強烈的反差，很容易讓人開懷一笑。正是因為存在差異，所以才顯得醒目和好笑。

業務人員也應該體會到這種反差對比的好處。在向顧客

第五章　讓「笑果」帶來「效果」
——高 EQ 告訴你該怎麼賣，幽默讓你賣得更多

形象化地介紹產品的時候，多使用反差對比，就會收到意外的效果。

◆ **逆向思維**

顧客通常都會順著常理去思考問題。但是，如果把事情轉移到一個意想不到的結果上，就會引起他們的興趣。

在實際的銷售過程中，經常有出乎意料的情況發生，這會打亂你深思熟慮的計畫，讓你尷尬萬分。然而，幽默的語言可以助你一臂之力，化險為夷。

■ 讓客戶甘願掏錢

我們把客戶奉為上帝，而客戶卻偏喜歡向我們出難題。有時為了簽到一個訂單，往往需要我們放下身段，百般耐心地做好客戶的工作。在這個過程中，積極的心態往往能夠讓訂單「起死回生」。

積極的心態可以讓我們離成交更近。客戶都喜歡與心態積極的業務員交談，因為這份樂觀會給人舒服的感覺，更容易獲得客戶的認同，這會給成交帶來很大幫助。

小英是某某電器負責 A 社區新一代飲水機推銷的員工。在 A 社區推銷的兩個月中，小英給 A 社區的住戶留下了深刻的印象。因為她每次挨家挨戶地去介紹飲水機的功能時，總

是面帶微笑,即便是遭到客戶的冷落,依舊保持著禮貌謙和的態度。

在 A 社區住戶的眼中,小英身上有著難得的自信與樂觀。這種樂觀不僅讓小英自己感受到了業務工作的樂趣,還感染了社區住戶的心,大家都樂於聽小英介紹產品,很多人也因為小英的態度欣然選購了飲水機。

業務員心態樂觀與否會直接反映到工作狀態中。樂觀的心態也是一種個人魅力,它能夠吸引客戶關注我們的產品,並且能讓我們勇敢地面對銷售過程中的困境。

阿海是一家保險公司的業務員。一個寒冷的冬天,阿海在臺北的某個街頭推銷保險單。可是一天下來,一張單子也沒拿下,阿海的心涼了半截。

不過,阿海並沒有放棄。他知道,陽光總在風雨後,要想拿到訂單,就要抵抗住無數次的拒絕與失落。

第二天,阿海在出發之前對同事講述了自己前一天的失敗,信誓旦旦地說:「你們等著瞧吧,今天我會再次拜訪那些顧客,我一定會拿下更多訂單!」

於是,阿海再次來到那個街頭,重新訪問了前一天他訪問過的客戶,最後售出幾十張保險單。

阿海取得了不錯的成績,這與他積極的心態是分不開的。倘若他第一天碰壁後選擇自甘退縮,那麼也就不會有再次向客戶推銷的機會了。阿海正視了自己第一天推銷失敗的

第五章　讓「笑果」帶來「效果」
――高 EQ 告訴你該怎麼賣，幽默讓你賣得更多

事實，並且將這種境況訴諸同事，給予自己新的動力，最後如願以償。

保持樂觀的心態，可以幫助我們在困境中戰勝沮喪，走出業績谷底。倘若我們能一直帶著積極的心態去工作，便會有意想不到的效果。這既是成交的一種境界，更是一種利己利他的銷售藝術。當遇到客戶的拒絕時，不要輕易放棄，微笑著再去爭取；當業績不理想時，不要懷疑自己，自信地去突破；當遇到客戶指責時，不要去衝撞，耐心地化解。始終以一種積極的心態面對，我們的業績便會隨之提升。

■ 保持你的幽默感

幽默是人際交流的潤滑劑，一句幽默語言能使雙方在笑聲中相互諒解和愉悅。

一位作家在美國訪問時，美國朋友帶著兒子到公寓去看他。他們談話間，那位壯得像牛的孩子，爬上作家的床，站在上面拚命蹦跳。如果直截了當地請他下來，勢必會使其父產生歉意，也顯得自己不夠熱情。於是，大馮便說了一句幽默的話：「請你的兒子回到地球上來吧！」那位朋友說：「好，我和他商量商量。」結果既達到了目的，又顯得風趣。

其實，幽默也是偉大業務員在推銷過程中善用的一種技巧，在幽默的談判中顯示出了他們良好的修養。這和猶太人

在商業談判中善用幽默是一樣的,都能在一種很輕鬆的氛圍中達成商業協議。

猶太商人之所以能成功,「笑」的作用可謂是功不可沒。幽默和微笑表現出了他們樂觀的生活態度。猶太人在做生意的時候也特別講究幽默。有這樣一個故事,從中就表現了他們豁達的人生態度。

勞布做生意的時候缺少資金,於是他打算找他的一個朋友格林借點錢暫度難關。

「格林先生,我的手頭拮据,能先借我點錢嗎?」

「啊,不必客氣,您要借多少?」

「您先告訴我,我要支付給您的利息是多少?」

「9%的利息。」

「什麼?你發瘋了?你怎麼可以向你的教友要這麼高的利息呢?對教友應該只有6%的利息,你這樣的行為讓上帝看到了,他會有什麼想法呢?」

「上帝不會有什麼想法的,因為上帝從天上看下來的時候,9像個6。」

猶太人連上帝的玩笑都開,可想而知,幽默在他們的生活中是多麼普遍和重要。

笑話和金錢,是猶太人的處世法寶。猶太民族,有著天生的幽默細胞。在他們看來,笑話不僅可以改善人際關係,

第五章　讓「笑果」帶來「效果」
　　——高 EQ 告訴你該怎麼賣，幽默讓你賣得更多

還可以博得人心，其積極效果不見得比給予物質利益來得差。在猶太人幾千年的流亡中，儘管幾經血與火的洗禮，但他們樂觀幽默的本性不改，他們時常利用笑話來舒緩身心，讓一切不愉快的事情隨著放聲大笑而煙消雲散，這種超乎尋常的精神，也是猶太人之所以能創造奇蹟的重要原因。猶太人有很多關於「笑」的諺語：

「生物中只有人會笑，而越賢明的人越會笑。」

「人不能哭著過完一生。」

「要逗天地發笑，先逗孤兒笑吧！」

幽默和微笑在猶太人的生活中是如此重要，他們將這種樂觀的精神滲透到了生意中來，為他們生意更紅火鋪就了一條成功的路。所以我們要養成幽默的習慣，讓我們的推銷之路和日常生活都更加順利。

金牌業務員貝特經常有奇思妙想，常常會使用一些出其不意的方法贏得客戶。有一次，他用電腦製成了一張樂透彩券，把自己的照片放入號碼欄內，然後用彩色列印機印出彩券，再把彩券貼到一張厚紙板上，最後覆以錫紙，製成刮刮樂的表面。上面寫著：在直排、橫排或對角線中，只要出現三張相同的照片，您就中獎了。

貝特可以想像當對方收到彩券、刮出照片時是怎樣的一副驚奇和好笑的表情。貝特把自己製好的彩券寄給了一位久攻不下的難纏大客戶。貝特已經連續拜訪這位客戶一個半月

了,卻連一面也沒見到,打了好幾通電話,祕書的防護堅硬如牆,把人拒之門外。沒想到,貝特寄出彩券的第二天,客戶就親自打電話過來了,說:「你這個人真幽默,我倒想看看製作這張彩券的人到底是何方神聖!」

就這樣,不等貝特請求,對方先說出了見面的時間,後來貝特當然是順利地做成了一筆大生意。

要想成為一名優秀的業務員,幽默的素養必不可少,那麼怎樣才能培養自己的幽默感呢?推銷大師給我們的建議是:

首先,要學會察言觀色。例如:當你向一位上了年紀的客戶做推銷的時候,千萬別開關節炎之類的玩笑。一旦你冒犯了他,你就永遠失去了他的信任。一定要謹慎。當你推銷矯正或修復儀器時,不要觸及客戶的痛處。當你推銷人壽保險的時候,也要注意避開那種病態的、面色灰暗的客戶。

其次,幽默要運用得巧妙、有分寸、有品味。在你打算開展輕鬆幽默的對話之前,最好先敏感一點,認真分析你的產品和客戶,一定要確信不會激怒對方,因為這種幽默對有些人來說根本不發揮作用,說不定還會適得其反。譬如,當你和一個嚴肅的人打交道的時候,你明知道他一本正經,喜歡直截了當,你卻偏要去故作幽默,結果可想而知。

第五章　讓「笑果」帶來「效果」
　　——高 EQ 告訴你該怎麼賣，幽默讓你賣得更多

■ 在自然狀態下成交

　　喬·吉拉德認為，訂約簽字的那一剎那，是人生中最有魅力的時刻。他說：「締結的過程應該是比較輕鬆的、順暢的，甚至有時候應該充滿一些幽默感。每當我們將產品說明的過程進行到締結步驟的時候，不論是業務員還是客戶，彼此都會開始覺得緊張，抗拒也開始增強了，而我們的工作就是要解除這種尷尬的局面，讓整個過程能夠在非常自然的情況之下發生。」

　　締結的過程之所以讓人緊張，主要原因在於業務員和客戶雙方都有所恐懼。業務員恐懼在這個時候遭受客戶的拒絕；而客戶也有所恐懼，因為每當他們做出購買決定的時候，他們會有一種害怕做錯決定的恐懼。

　　沒有一個人喜歡錯誤的決定，任何人在購買產品時，總是冒了或多或少的風險，萬一他們買錯了、買貴了、買了不合適的產品，他們的家人是否會怪他，他們的老闆或他們的合夥人是不是會對他們的購買決定不滿意，這些都會造成客戶在做出購買決定的時候猶豫不決或因此退縮。

　　到底要如何才能達到快速成交的目的呢？首先必須要掌握一個原則：不要做太多說明，商品的特性解說對於客戶接受商品的程度是有正面影響的，但是如果解釋得太詳細反而會形成畫蛇添足的窘境。

業務員若感覺到客戶購買的意願出現，可以適當地提出銷售建議，這是很重要的一環。大多數人在決定買與不買之間，都會有猶豫的心態，這時只要敢大膽地提出積極而肯定的要求，營造出半強迫性的購買環境，客戶的訂單就可以手到擒來。千萬不要感到不好意思，認為談錢很現實，相反地，要深刻懂得「會吵的孩子有糖吃」的道理。

適時地嘗試可以達到快速成交的目的，倘若提出要求卻遭受無情的拒絕而未能如願以償，只要再回到商品的解說上，接續前面的話題繼續進行說明就可以了，直到再一次發現客戶的購買意願出現，再一次提出要求並成交為止。多一份締結要求就等於多一分成交的機會，業務員必須打破刻板的舊觀念，勇敢提出締結的要求。

■ 客戶都喜歡智慧的幽默

日本推銷大師齊藤竹之助說：「什麼都可以少，唯獨幽默不能少。」這是齊藤竹之助對業務員的特別要求。讓我們先看看幽默有哪些好處。

那種不失時機、意味深長的幽默使人們身心放鬆，因為它能讓人感覺舒服，有時候還能緩和緊張氣氛，打破沉默和僵局。

成功的業務員大多都是幽默高手，因為他們知道幽默會減輕緊張情緒。幽默可以有助於擺正事情的位置。幽默還是

第五章　讓「笑果」帶來「效果」
——高 EQ 告訴你該怎麼賣，幽默讓你賣得更多

消除矛盾的強而有力手段。在尷尬的時候幽上一默，不僅緩解氣氛，還能讓人感到你智慧的魅力。幽默產生潤滑作用，有助於人們在各種情境下感到舒適自在。

一個缺乏幽默感的人是乏味的。在你的推銷中融進一些輕鬆幽默不失為一種恰當的策略，同時它也能使你的生意變得十分有趣。否則，你的客戶就會保持警惕，不肯放鬆。

一個業務員當著一大群客戶推銷一種鋼化玻璃酒杯，在他進行完商品說明之後，他就向客戶做商品示範，就是把一個鋼化玻璃杯扔在地上而證明它不會破碎。可是他碰巧拿到一個品質不過關的杯子，猛地一扔，酒杯碎了。

這樣的事情以前從未發生過，他感到很吃驚。客戶們也很吃驚，因為他們原本已相信業務員的話，沒想到事實卻讓他們失望了。結果場面變得非常尷尬。

但是，在這緊要關頭，業務員並沒有流露出驚慌的情緒，反而對客戶們笑了笑，然後幽默地說：「你們看，像這樣的杯子，我就不會賣給你們。」大家禁不住笑起來，氣氛一下子變得輕鬆了。緊接著，這個業務員又接連扔了 5 個杯子都成功了，博得了客戶們的信任，很快推銷出了好多杯子。

在那個尷尬的時刻，如果業務員也不知所措，沒了主意，讓這種沉默繼續下去，不到 3 秒鐘，就會有客戶拂袖而去，交易會失敗。但是這位業務員卻靈機一動，用一句話化解了尷尬的局面，從而使推銷繼續進行，並取得了成功。

第六章
「要什麼，賣什麼」而不是「有什麼，賣什麼」——高 EQ 幫你第一時間了解顧客需求

第六章　「要什麼，賣什麼」而不是「有什麼，賣什麼」
——高 EQ 幫你第一時間了解顧客需求

■ 獲取顧客需求資訊的最好方式是提問

有業務大師總結，要想獲得顧客需求資訊，最好的方式就是提問。提問是發現顧客需求的好方法，業務人員要想評估新顧客是否存在銷售機會，以及他們的購買動機是什麼等，都需要透過恰當的提問來完成。

《聖經》上說：「你問就會得到回答。」但並不是所有的提問都會得到你預期的答案。要想得到你需要的回答，還需要提升你提問的技巧。得當的提問可以幫助你處理好與顧客的交易，推動銷售的流程，但是如果運用得不好，也可能破壞會談。太多的問題容易讓顧客感到被資訊塞滿了頭腦，過於咄咄逼人的問題也會讓顧客感到像是在受審。

因此，要成為成功的業務人員，必須學會如何設計你的提問，讓巧妙的提問有效地幫助你洞察消費者的需求，獲得對你有利的資訊。同時，我們也應當注意避免不當的提問給銷售帶來不必要的麻煩。

當顧客覺得兩件商品都不錯的時候，你是推薦一件還是兩件，作為業務人員，你就要做出選擇。判斷顧客的實際購買能力，然後做出針對性的處理。

對於購買力強的顧客，建議兩樣都拿，而如果顧客的購買力有限，就推薦最適合顧客的，為顧客鎖定一款，特別是針對猶豫不決的顧客，你一定要表現得堅定、果斷，否則顧

客很可能轉身離開。

要了解顧客的需求,就需要你學會提問,透過顧客的回答,迅速捕捉到顧客實際想要的是什麼,然後為顧客做出最好的推薦:

◆ 記住用提問為自己爭取控制權

只要不犯錯,提問會使你立於優勢,建立你在銷售說服中的主動權與控制權。無論提問使你感到多麼拘謹,但要想推動你正進行的銷售交流,不要忘記適時讓「提問」來幫忙。

◆ 透過反問來回答問題

顧客常常會提出一些難以回答的問題,透過反問我們常常可以巧妙地化險為夷,把問題還給顧客,同時獲取更多的有利資訊。

◆ 提問後適當保持沉默

如果你希望對方很快作答,在你主動提問後,最好立刻住口。有心理分析研究表示,交談中的短暫沉默會創造一種自然真空,這種真空會自動把責任放在回答問題的人身上。或許大多數的業務人員對於交談中的沉默覺得非常不舒服,而習慣於主動打破沉默。但你必須要克制這種情緒,切記如果你不打破沉默的話,你的顧客將向你提供有價值的資訊。

第六章 「要什麼，賣什麼」而不是「有什麼，賣什麼」
—高 EQ 幫你第一時間了解顧客需求

■ 怎樣巧妙分辨顧客是否要購買

隨便逛逛的顧客有很強的隨機性，沒有明確的購物目標和傾向，可能僅僅是陪朋友逛街，也可能是閒著無聊隨便亂轉著玩，也可能是購物完成之後隨便再看看而進店，也可能是因為天熱進店避暑……這種類型的顧客除非發現他非常喜歡的東西，否則讓他們做出購買決定很難。

在我們未能分清他是閒逛的顧客還是真想購物的顧客時，如果我們直接對他說「您今天買不買？」這會讓顧客感覺到心虛或者緊張，等於間接將顧客趕走。如果我們說「您是來逛逛的還是今天就想買？」又顯得目的性太強了，這也會讓顧客反感。畢竟購物有時候只是顧客的一時興起或是一時衝動，誰又能保證自己看了就會買呢？如果我們問他「您看中今天就會買吧？」同樣會讓顧客感覺到緊張，放棄繼續挑選，逃之夭夭。

那麼，如何才能既順利問出顧客的購買時間，又不會引起顧客的反感呢？業務人員在提問的時候一定要注意用其他字來代替「買」字，以免引起顧客的戒備心理。同時，我們業務人員自己也應該有一定的眼力，區分出那些有備而來的顧客。因為這些顧客往往早已經做好了購物的準備，他們購物的意圖比較明顯，成交的機率很高，業務人員應對他們多下功夫。我們可以從以下這些訊號辨別出要購買的顧客：

怎樣巧妙分辨顧客是否要購買

(1) 當顧客對某一點表現出濃厚的興趣時,顧客會發出類似這樣的購買訊號:你覺得這兩款商品哪一款更好看呢?你們的價格能便宜一點嗎?能打折嗎?如果買回去兩天就壞了怎麼辦呢?……

(2) 微笑:真誠的微笑是喜悅的象徵,同時,人也用微笑來表示贊成,讓對方安心、打消顧慮,做出保證。假笑時,微笑者的眼神是斜向一邊的,而且眼睛周圍的肌肉沒有動。假笑持續的時間比真誠的微笑長,消失得也慢。

(3) 眼神:當顧客以略帶微笑的眼神注視你時,表示他很讚賞你的表現。

(4) 故意挑剔商品的款式,具體詢問商品的清洗及保養方法等,都是成交的前兆。

(5) 不斷用手觸摸商品並不住點頭,拍拍業務人員的手臂或肩膀,做出身體自然放鬆的姿勢等均是有意成交的表現。

(6) 當業務人員將商品的有關細節以及價格條件說明後,顧客顯示認真的神情,並把業務人員提出的交易條件與競爭對手的條件相比較時,這時就可以詢問他的購買意向了。

(7) 顧客要求詳細說明保養方法、售後服務等。此時業務人員除了耐心詳細地說明外,還要誘導對方提問,以打消顧客的顧慮,使其迅速做出決定。有時顧客會就你已經解釋過的某些問題反覆詢問,這時千萬不能急躁,而要耐心地回答。

第六章　「要什麼，賣什麼」而不是「有什麼，賣什麼」
—高 EQ 幫你第一時間了解顧客需求

■ 用恰當提問挖出顧客的真正需求

並不是所有的提問都會得到你預期的回答。業務人員要想得到需要的回答，還需要提升提問的技巧。恰當的提問可以幫助你處理好與顧客的交流，推動銷售的流程。

◆ 場景一

顧客：「你們還有同類產品嗎？」

業務人員：「當然有！」

顧客：「有多少？」

業務人員：「多得很，因為大家都喜歡買這種機型。」

顧客：「太可惜了，我喜歡獨一無二的產品。」

◆ 場景二

顧客：「你們還有同類產品嗎？」

業務人員：「您為什麼會問這個問題呢？」

顧客：「我想知道你們到底有多少同類產品。」

業務人員：「這樣啊，您為什麼會關心這個問題呢？」

顧客：「我喜歡獨一無二的產品。」

在場景二中，在適當的提問下，業務人員獲得了關於顧客需求的準確資訊，這樣也就能夠靈活處理問題，採取相應的解決辦法。

人們的需求是非常複雜的,發現顧客需求的一種最好的方法就是選擇合適時機向顧客提出問題。為了有效地提問,業務人員必須懂得問些什麼以及怎樣提問的技巧。問些什麼?顧客的需求產生於他已經擁有的和他希望得到的之間的差異。因此,業務人員可以問顧客現在的情況、面臨的困難和不滿,進而問到他們想要的。認真傾聽他們的回答,你就可以掌握顧客的真正需求。

突破外圍防線,破解顧客的真實需求

顧客的購買決定,不僅受到自身意願的影響,還受到外圍防線的影響。這些外圍防線大都是顧客身邊的人。這就需要我們積極地去破解顧客的真實需求。當我們讓顧客感受到自我需求大於周圍人的意見時,外圍防線就自動瓦解了,我們的銷售流程就更快了。

羅必德:「卡特爾先生,依照您的意思來看,您最中意的是與您現在租賃大樓相鄰的那棟大樓?」

卡特爾:「是的,那樣的話,從辦公室的窗戶往外看,我仍能看見海上船來船往、碼頭工人們繁忙工作的熱鬧景緻。我的一些員工也向我推薦買那裡的房子。」

羅必德:「但我的意思是,您為什麼不買下鋼鐵公司正在租的這間舊大樓的房子呢?要知道相鄰那棟大樓所能眺望的

第六章 「要什麼，賣什麼」而不是「有什麼，賣什麼」
—高 EQ 幫你第一時間了解顧客需求

景色，不久便會被一座計劃中的新建築所遮蔽，而這棟舊大樓還可以保證對海邊景色的眺望。」

卡特爾：「不行，我對這棟舊大樓沒有一點購買的意思。你看這大樓的木料太過陳舊，建築結構也不太合理，還有……」

羅必德靜靜地聽著，他發現卡特爾對那所樓房所給予的批評，以及他反對的理由，都是些瑣碎的地方。顯然，這並不是出於卡特爾本人的意見，而是出自那些主張買相鄰那間新大樓的員工的意見，心裡頓時明白了八九分，知道卡特爾說的並不是真心話，其實他心裡真正想買的，是他嘴上竭力反對的他們已經租下的這間舊大樓房子。這樣羅必德心裡已經有了一定的勝算。當卡特爾說完大樓缺點後，羅必德在電話裡沉默著，似乎在思考什麼，過了一會兒才說話。

羅必德：「先生，您初來紐約的時候，您的辦公室在哪裡？」

卡特爾：「就在這棟大樓裡。」

羅必德：「鋼鐵公司在哪裡成立的？」

卡特爾：「也是這裡，就在我們此刻所坐的辦公室裡誕生的。」

羅必德在電話中又開始沉默，兩人都在沉默中，終於卡特爾開口了。

卡特爾（激動地）：「我的員工們差不多都主張搬出這棟大樓，然而這是我們的發祥地啊。我們差不多可以說是在這

裡誕生、成長的,這裡實在是我們應該長住下去的地方呀!你趕緊過來,我們把具體事項辦一下。」

當羅必德勸說卡特爾買下他正在租用的舊大樓房子時,卡特爾提出了很多反對意見,而羅必德只是在耐心地傾聽。在傾聽過程中,羅必德收集到了重要的資訊:在卡特爾的心中,潛伏著一種他自己不會太清晰的、尚未察覺的情緒,一種矛盾的心理,即卡特爾一方面受其員工的影響(即外圍防線),想搬出這間老房子;另一方面,他又非常眷戀這棟大樓,仍舊想在這裡住下去。這些資訊經過邏輯推理和分析判斷,最後得出了結論:卡特爾真正想買的正是「他嘴上竭力反對的他們已經租下的這棟舊大樓房子」。

掌握了顧客的真實需求後,羅必德開始運用策略說服對方。「您初來紐約的時候,您的辦公室在哪裡?」「鋼鐵公司在哪裡成立的?」這些看似隨意的提問,其實都是羅必德精心設計的。這些問題巧妙地擊中了卡特爾的內心。最終,羅必德成功了,卡特爾買下了這間舊房子。

羅必德的成功,是因為他研究出了卡特爾的心思,巧妙地使用了攻心法。可見,作為業務人員,不能只是機械地向顧客銷售產品,而要先破解顧客內心的真實需求,這樣才能取得事半功倍的效果。

第六章　「要什麼，賣什麼」而不是「有什麼，賣什麼」
―高 EQ 幫你第一時間了解顧客需求

■ 怎樣接待目標明確的顧客

有的顧客可能在網上看中了一件商品，可能是看到熟人用得很好，自己已經決定了要購買，也可能是在本店或者其他店看好了某件商品才來到店裡，目標比較明確。他們在進店後就很可能直接去看那件商品。

這類顧客通常是專程來購買的，他們的神情一般比較專注，很少左顧右盼，而且腳步輕快，直奔那件商品，購買也比較乾脆。這類顧客我們稱之為目標確定型顧客。在接待的過程中，我們最好不要這樣說：

- 「您好，請問您是想買什麼？」（顧客對「買」字敏感，應改為「看」）
- 「這件商品現在可以打折！」（弄巧成拙，將顧客的注意力從商品轉移到價格上，擾亂顧客的注意點）
- 「您好，我可以為您介紹一下嗎？」（如果顧客拒絕會造成尷尬局面）

目標確定型的顧客一般成交率非常高，這個時候我們只要不再惹事端，銷售過程基本上會比較順利。接待這類顧客的關鍵應該是迅速、流暢地滿足客戶的要求。我們應當面帶微笑主動上前去打招呼，積極推薦顧客看中的商品，動作要

迅速、準確，按顧客的要求盡快成交，盡量不要有太多的遊說和建議，以免弄巧成拙，使其舉棋不定或者延後購買的時間。

我們可以採取下面這兩種表達與目標確定型的顧客拉近關係：

- 「您好，您真有眼光，您看中的這個款式是我們今年的新款，並且我們正在做活動，買得越多打的折就越多。現在庫房裡就只剩下兩件了，您是要一件還是兩件都要呢？」（利益接近法：將購買商品的利益和好處都告訴顧客，激發顧客的購買欲）
- 「您好，您看的這款商品是我們店裡賣得最好的一款，非常適合像您這樣的淑女，我拿給您細看一下好嗎？」（產品接近法：直接與顧客談論產品以引起顧客的興趣）

■ 探詢顧客想要什麼材料再進行介紹

材料是決定商品品質的重要組成因素，對商品所呈現出的造型以及商品的價格都有影響。因此很多顧客非常在乎材料，所以業務人員要詳細了解商品的材料構成，同時在與顧客的談話過程中探詢顧客想選購什麼材料的商品。

第六章 「要什麼,賣什麼」而不是「有什麼,賣什麼」
—高 EQ 幫你第一時間了解顧客需求

錯誤案例:

業務人員 A:「您喜歡人造纖維面料的,還是天然面料的?」

業務人員 B:「這邊的都是高級的進口材料,您看別的吧!」

業務人員 C:「這種新型高科技材料輕便耐用又很舒服,選這個絕對沒錯。」

業務人員 A 的問法雖然看似提供了一個選擇範圍給顧客,但是運用的都是比較專業的術語,普通顧客可能並不了解人造纖維面料和天然面料有什麼特點和區別,也無法進行選擇。業務人員 B 的說法顯得態度傲慢,會引起顧客反感,言下之意是顧客買不起貴的商品。而業務人員 C 在不了解顧客需求的情況下,急於推薦自己認為合適的。然而業務人員的想法不是顧客的想法,最後的決定權是在顧客手上,替顧客做決定的做法會讓顧客產生抵禦心理。

不同的材料有不同的特性,用途上也不相同。用劣質材料製成的商品容易磨損變形,而優質材料製作的商品則能夠使用較長的時間,柔韌性和耐磨性相對要好一些。不同的消費者對材料也有不同的需求,因此,業務人員首先要了解所銷售商品的材料特點、屬性,才能在與顧客溝通的過程中根據顧客的需求和用途,進行適當的推薦。

探詢顧客想要什麼材料再進行介紹

根據顧客用途推薦：

業務人員：「您好，請問想選購什麼服裝呢，外套、T恤還是褲子？」

顧客：「褲子。」

業務人員：「那您想要什麼面料的褲子呢？」

顧客：「面料我也不太了解。」

業務人員：「不同面料的褲子呈現出來的版型和穿著的感覺是不一樣的。比如純棉的褲子貼身柔軟，穿著也比較舒服，但是容易起皺，需要經常熨燙；而人造纖維面料的褲子質地順滑，但透氣性相對比較差。請問您今天買的褲子什麼時候穿比較多？」

顧客：「一般是平時穿。」

業務人員：「那我建議您選擇人造纖維和純棉混合的面料，這些面料是採用滌綸和棉混合配比的，不容易縮水起球，耐磨抗皺，而且價格也比較實惠。這邊幾款都是混合面料的，您看看喜歡哪一款。」

根據顧客特殊要求推薦：

業務人員：「您好，歡迎光臨！請問想選購什麼材料的眼鏡？」

顧客：「我不了解材料的區別，只是想要輕巧方便的。」

業務人員：「那我來為您介紹一下不同的材料的特點吧！眼鏡片常用的材料主要有光學材料、樹脂材料和水晶材料。

第六章　「要什麼，賣什麼」而不是「有什麼，賣什麼」
　　　　—高 EQ 幫你第一時間了解顧客需求

　　光學眼鏡片能夠有效地吸收紫外線，折射較穩定清晰；樹脂眼鏡片重量是最輕的，但是折射率稍低；水晶眼鏡片質地厚重，耐磨隔熱，但是吸收紫外線的效果是最弱的。不知道您覺得哪一種材料的鏡片最合適呢？」

　　顧客：「那就要樹脂鏡片吧！」

　　想了解顧客要選擇什麼材料的商品並不難，在談話中掌握顧客的實際需要再進行推薦。業務人員首先要了解所銷售商品材料的優缺點，否則即使知道顧客想要什麼材料也說不出這種材料有什麼特點來，對於成交依舊沒有幫助。優秀的業務人員能夠提供不同材料的詳細資訊，把優缺點全面地告訴顧客，讓顧客能夠根據自己的需求挑選到合適材料製成的商品。

■ 探詢顧客想要什麼風格再進行介紹

　　顧客的風格相當程度上影響著商品的選購，顧客在做出購買決策時會不自覺地向平時習慣的風格傾斜，具有消費者不能意識到的心理強制作用。顧客的風格是長期受所處的文化影響和個人導向的制約形成的。因此了解顧客想選購什麼風格的商品能夠促進交易的順利進行。

　　業務人員在與顧客的溝通中不要直接詢問：「您喜歡什麼風格的？」「您想要什麼風格的商品？」這類直接的問題往往

探詢顧客想要什麼風格再進行介紹

得不到確切的答案。因為個人喜好的選擇範圍太廣泛，顧客難以回答。「您喜歡商務風格的嗎？」「您喜歡英倫風格的嗎？」這一類的問法又過於局限，如果顧客不喜歡業務人員提出的風格，溝通就無法繼續了。顧客的職業跟風格也有很大關係，學生可能喜歡青春活力一點的，上班族可能喜歡職業化一點的，但是不要直接詢問顧客的職業，干涉顧客的隱私。如果隨便詢問顧客的個人情況，會引起懷疑和排斥。

正確的方式是觀察顧客的穿衣打扮，猜出顧客平時喜歡什麼風格；其次可以在談話互動中了解到顧客喜歡的風格。對不同風格的顧客有針對性地推薦不同類型的商品。

◆ 對學生型的顧客，推薦風格比較年輕時尚的商品

業務人員：「你好，想買連衣裙嗎？我們店裡淑女風格和時尚風格的都有。您偏愛哪一種風格的呢？」

顧客：「我也不知道哪種風格更好。」

業務人員：「妳看起來很年輕，還是學生吧？肯定會偏向喜歡流行的東西。我們剛好來了一批新貨，上面都採用了大面積的印花，比傳統的連衣裙更有新意，更顯時尚，同時花朵的造型又不失嫵媚。平時上課穿既顯得時尚青春，又不會太浮誇！您看看喜歡哪一款呢？」

顧客：「那我試試紅色的那條吧。」

第六章 「要什麼，賣什麼」而不是「有什麼，賣什麼」
—高 EQ 幫你第一時間了解顧客需求

◆ 對嚴肅型的顧客，推薦風格比較正式的商品

業務人員：「先生，想買西裝是嗎？請問您是喜歡休閒型的，還是正式的呢？」

顧客：「正式一點的吧，休閒的有時候看起來太隨便了。」

業務人員：「一看您就是嚴謹、追求完美的人，正式的西裝才比較符合您的身分。這邊幾款都是正式風格的，像這款條紋面料的，莊重大方，商務會面、會議談判都很適合，很符合成功人士的身分氣度。您要不要試一下？」

顧客：「好的。」

◆ 對氣質型的顧客，推薦風格比較優雅的商品

業務人員：「您好，歡迎光臨！請問是要選購香水嗎？」

顧客：「是的。」

業務人員：「是您自己用呢，還是別人用？」

顧客：「自己用的。」

業務人員：「我們這裡有很多種風格的香水，您平時喜歡用哪種風格的？」

顧客：「我也不知道哪種風格適合我。」

業務人員：「您氣質很好，優雅一點的比較適合您。像這種太濃郁的或者這種太傳統的香型都不適合您。而這種香味很淡

但是很持久的優雅型比較適合您的氣質。我來幫您試一試？」

顧客：「嗯，拿來我試試吧。」

在向顧客推薦商品的時候，要結合不同的類型推薦不同的風格。學生型的推薦流行風格的，上班族推薦正式一點的，隨和型的顧客就推薦休閒一點的。總之要多與顧客溝通，找到顧客最喜歡、最適合的風格。

■ 優秀業務人員要了解顧客需求等級

要做一個優秀的業務人員，就是要在進行產品銷售的時候，了解顧客的需求，滿足顧客的需求。

要想挖掘顧客對商品的需求，首先應當對顧客的需求種類進行一定的了解。每個人都有需求，沒有需求的人不可能是活人。著名心理學家馬斯洛在潛心研究的基礎上，把人的需求分為五個等級：

生理需求是人類最原始、最基本的需求，包括飢、渴、性和其他生理機能的需求。對於一個處於極端飢餓狀態的人來說，除了食物沒有別的興趣，就是做夢也夢見食物。

當人的生理需求得到滿足時，就會出現對安全的需求。這類需求包括生活得到保障、穩定，職業安全，勞動安全，希望未來有保障等等。

第六章 「要什麼,賣什麼」而不是「有什麼,賣什麼」
─高 EQ 幫你第一時間了解顧客需求

愛與歸屬的需求也是一大需求。這種需求是指,人人都希望夥伴之間、同事之間關係融洽或保持友誼與忠誠,希望得到愛情,人人都希望愛別人,也渴望被人愛。

另外還有尊重需求。誰都不能容忍別人傷害自己的自尊,顧客也如此。業務員要是一不留神,造成了對顧客自尊心的傷害,那就甭想顧客有好臉色,甭想推銷成功。

自我實現的需求是指實現個人的理想、抱負,發揮個人的能力到極限的需求。

人的需求是無限的,無止境的。我們購物時,總是需要時才購買它,否則,是不會掏腰包的。業務員要想把商品推銷出去,所需做的一件事就是:喚起顧客對這種商品的需求。

你只要錯過一站地,你就到不了目的地,在銷售過程中,你可能只說錯了一個字,你就無法銷售出你的產品。因而,你跟顧客講的每一句話都要經過深思熟慮。

滿足客戶需求是給顧客提供的最好服務,要想實現銷售的成功,就要從滿足客戶需求開始。

■ 顧客的隱性需求需要你去挖掘

與顧客接觸時,要透過對顧客需求類型的分析,有針對性地進行勸購,促成交易。

顧客的隱性需求需要你去挖掘

小林到臺南旅遊，一天，當他在店裡選定一條價值500元的領帶，準備付款時，業務人員問他：「您打算穿什麼樣的西裝來配這條領帶呢？」

「我想穿我那件藏青色西裝，應該很合適。」小林回答說。

「先生，我這裡有一種漂亮的領帶正好配您的藏青色西裝。」說著，他就抽出了一條標價為750元的領帶。

「的確很適合，也很好看。」小林點著頭說，並且把領帶收了起來。「再看一看與這些領帶相配的襯衫怎麼樣？」

「我想買一些白色襯衫，可是我剛才在那裡沒有看到。」小林指著另一個櫃檯說。

「那是因為您沒有找對地方，辦事要找對人，買東西要找對產品，您說是嗎？您穿什麼尺碼的襯衫？」

還沒有等小林反應過來，業務人員已經拿出了4件白色襯衫，單價為1,000元。「先生，摸一下質地，很不錯的，是吧？」

「哦，我的確很想買一些襯衫，但我只想買3件。」

我們可以看到，小林原本只是想買一條500元的領帶。在這位業務人員的精心「伺候」下，500元的生意變成了3,750元的交易，足足是小林預期購買金額的7.5倍！更為驚人的是，小林沒有提出過異議，而是心滿意足地離開了商場，店家也樂得賺了一大筆，可謂皆大歡喜。

其實，顧客的需求有三種類型：顯性需求、隱性需求和未知需求。其中，顯性需求是指當一個人有了明確的目標

第六章 「要什麼，賣什麼」而不是「有什麼，賣什麼」
─高 EQ 幫你第一時間了解顧客需求

時，他便會自發地採取行動，即顧客對自己需要的產品有著明確的概念；隱性需求與顯性需求相對，很多顧客不能夠明確地說出來。這種需求一般表現為不平等、不滿意、焦慮或是抱怨；未知需求是指還沒有被顧客認可的需求，即顧客在未接受業務人員的產品之前，顧客對自己目前的狀況十分滿意，沒有一絲抱怨或不滿，認為自己並不需要產品，也不需要任何改變。

很多時候，顧客可能並沒有感覺到自己的需求。而上述例子中的業務人員最聰明的一點就是，不僅滿足了顧客的顯性需求，還不斷地順藤摸瓜挖掘出顧客的很多隱性需求和未知需求，並能讓顧客感覺到滿意──這不是「忽悠」，而是在對顧客心理有把握的基礎上不斷地喚醒他的隱性需求和未知需求，因此，他才能在挖掘出顧客需求之後促成更多的交易。

在銷售中，辨識顧客的顯性需求是非常容易的。業務人員只要了解顧客的購買動機和目的，就能迅速發現他們的顯性購買需求，比如：安全實用、方便省事、自我保護、自我提升等，然後予以滿足就能實現成交；若遇見具有隱性需求的顧客時，業務人員要以足夠的耐心和細心來挖掘顧客的隱性需求，然後讓其成為顯性需求並使其得到滿足，就會成交；對於顧客的未知需求的挖掘，主要在於培養和激發業務人員的智慧和獨特的眼光。只要能將顧客的未知需求激發成為顯

性需求,也就是讓顧客從十分滿意轉變到不滿,然後再去幫助顧客解決他們的不滿,成交就是必然了。

■ 猜準顧客的十大心理需求

在銷售過程中,顧客經常有不止一種消費心理,但總有一種起主導作用。所以業務人員一定要揣摩顧客的需求心理傾向,盡量滿足其心理需求,促進交易圓滿達成。

業務人員:「先生您好!佳能數位相機專賣店歡迎您!請問您需要什麼型號的數位相機?」

顧客:「哦,我來看看佳能 IXUS110 的相機,你們賣多少錢?我只問一下價格,如果合適就成交。」

業務人員:「哦!先生,我們是佳能專賣店,我們的售後服務是最一流的,而且保證都是最新款的產品⋯⋯」

顧客:「哦,我是專業攝影師,我只是要替自己的兒子買個一般的相機玩玩,你跟我報個價格就行了。」

業務人員:「這款 IXUS110 價格是 10,250 元,開正規保修發票,而且延長半年售後服務。」

顧客:「哦,那我再看看吧,因為我記得有幾家說 9,500元就可以賣呢,你們這價格差距有點大。」

後來這位顧客在一家比較小的店鋪買到了 9,650 元的佳能 IXUS110 數位相機,但是並沒有售後保固服務。

第六章　「要什麼，賣什麼」而不是「有什麼，賣什麼」
―高 EQ 幫你第一時間了解顧客需求

　　這是一位追求最低價格的顧客。由於這位顧客自己是比較專業的人士，因此要不要售後延長服務都無所謂。對於追求最低價格的使用者來說，專賣店確實往往不占優勢。當然讓很多業務人員比較頭痛的事情是，顧客形形色色，看重什麼的都有，很難區分，也不知道都有什麼消費心理。

　　顧客的消費心理會受到消費環境、購買場所、業務人員素養等多方面因素的影響。要想使業務人員在每日的銷售過程中順利出售商品，必須讓每個業務人員了解顧客的購物心理，針對不同的購買心理採取不同的應對方法，從而為顧客提供更為完善、優質、有效的服務。

　　一般來講，顧客的消費心理有如下幾種特徵：

◆ 求實心理

　　以追求商品的實際使用價值為主要特徵。在這種動機驅使下，他們選購商品時特別注意商品的功能、品質和實際效用，而不會強調商品的品牌、包裝等非實用價值，因此這個時候，業務人員要以推薦效能良好的產品為主。

◆ 求廉心理

　　以追求商品價格低廉為主要特徵，其實也就是貪便宜心理。臺灣人經常講「物美價廉」，其實真正物美價廉的商品幾乎是不存在的，都是心理感覺上的物美價廉。在為這類顧客推薦產品的時候，業務人員以推薦 CP 值最高的產品為主。

◆ 求美心理

指顧客購物時以追求商品外觀、藝術價值為主要目的。這種顧客在選購商品時，特別重視商品的造型、色彩、包裝，注重藝術欣賞價值，以及對環境的美化作用，而對產品本身的使用價值往往沒有太多的要求。因此業務人員應該以推薦最新款式和經典款式為主。

◆ 推崇權威

對權威的推崇往往使顧客對權威所推薦的商品無條件地相信。商家從而把消費對象具體化，形成商品的暢銷，甚至某一品牌商品都有一定的鐵桿粉絲。比如：利用人們對名人或者明星的推崇，大量的商家找明星做代言人。這個時候，業務人員要以推薦名牌產品中的明星產品為主。

◆ 求名心理

以追求名牌為主要特徵。這種顧客幾乎不考慮價格，非名牌不買，透過名牌來彰顯自己的身分，從而獲得滿足。他們對名牌有一種安全感和信賴感，對名牌商品的品質完全信得過。這個時候，業務人員是幸運的，因為只需要把賣場內一線大品牌的高階產品推薦給顧客即可。

◆ 求新心理

以追求商品的時尚、新穎、奇特為主要傾向。這種顧客一般都有較重的好奇心，講求樣式的流行或與眾不同，而不

第六章　「要什麼，賣什麼」而不是「有什麼，賣什麼」
　　──高 EQ 幫你第一時間了解顧客需求

太注意商品的實用性和價格的高低。此時業務人員要重點推薦剛上市的新品或者並不暢銷的款式，說不定他們會對冷門產品感興趣。

◆ 求便心理

　　單純地追求簡便、省時。這類顧客有很強的時間和效率觀念，他們對商品本身通常不會太挑剔，但絕對不能容忍煩瑣的手續和長時間的等候，總是希望能夠迅速完成交易。這時候，業務人員就要提高工作效率，並盡最大努力協助賣場其他同事完成銷售和售後工作。

◆ 疑慮心理

　　這是指每一個人在做決定時都會有恐懼感。甚至有些顧客購買之後出現懷疑、不安、後悔等負面情緒。由此引發的不滿行為，稱為購後衝突，通常貴重的耐用消費品引發的購後衝突會更嚴重。

◆ 安全心理

　　這類顧客總是把安全保障放在第一位，絕對不能出任何問題。因此，他們非常重視產品的材質、安全性等問題。只有在經過明確解說或者是得到承諾後，他們才可能下定決心購買。這個時候，業務人員最好推銷信譽好的牌子，以讓顧客放心。

◆ 從眾心理

指顧客的觀念與行為由於受其他大部分顧客的引導或壓力,而趨向於與大多數顧客相一致的現象。比如:購物時喜歡到人多的門市,在選擇品牌時偏向那些市場占有率高的品牌,在選擇旅遊點時,偏向熱門城市和熱門線路。這時候業務人員就要推薦賣場內的暢銷品,以滿足顧客的從眾心理。

賣顧客需要的,而不是你想賣的

一些業務人員在跟顧客推薦商品時,還沒弄清楚顧客的需求,就迫不及待地展開演說,把自己想像中的顧客需求當成顧客的需求,或者是把自己想賣的當成顧客想要的,一味地慷慨陳詞,這樣不僅容易招致顧客反感,也經常導致銷售失敗。

阿傑剛進入一家服裝店做業務,店內生意很是冷清,他很著急。一看到顧客進來,阿傑就很熱情地向顧客推薦他店內的服裝,還是一件都沒賣出去,這讓他更加著急。

這時,一位年輕的媽媽帶著孩子來逛,阿傑在心裡打打氣之後又上去向她推薦一套兒童服裝。

顧客:「這套裙子與其他衣服有什麼不同之處嗎?」

阿傑:「這套裙子的價格是最便宜的,整條街上妳再也沒辦法挑出比這更便宜的裙子了。」

第六章　「要什麼，賣什麼」而不是「有什麼，賣什麼」
　　—高 EQ 幫你第一時間了解顧客需求

顧客:「這套裙子是純棉的嗎？能保護孩子嬌嫩的肌膚嗎？」

阿傑:「這套裙子的顏色很像明淨的天空，裡面有著太陽、月亮、星辰的美麗圖案，能引發孩子的無限遐想，你們家這位文靜的小寶寶肯定會很喜歡的。」

顧客:「我能想像得出，不過我想知道的是……」

阿傑:「我知道您想說什麼！這套裙子非常漂亮，您的小寶寶穿上去肯定會像一位漂亮的小公主。」

顧客:「我的孩子皮膚非常嬌嫩，我想為她買一套純棉並且質地輕柔的裙子，這樣有利於她的身體成長。」

阿傑:「哦，原來是這樣。這套裙子雖然不是純棉的，但是它的品質真的非常好。如果您喜歡的話還可以再便宜 100 塊錢，這真的已經是最便宜的裙子了，我可以拿一套給您的小寶寶試試嗎？」

顧客:「我恐怕不需要了。」

　　從他們的對話之中我們可以看出，阿傑雖然熱情可嘉，但是在回答顧客提出的問題時牛頭不對馬嘴，顧客問的是東，他回答的卻是西。他喋喋不休地說，太以自我為中心，好像他需要的就是顧客需要的。他完全站在自己的角度上對產品進行理解，然後強加於顧客。他失敗的原因就是沒有切合實際地去考慮顧客的真實需求。

　　所以在給顧客推薦商品的時候，不要一上來就慷慨陳

詞，而是應該透過各種方式去了解顧客的真正需求，對顧客需求的理解應該做到完全、清楚和真實，然後有針對性地進行介紹。

■ 怎樣把話說到顧客的心尖上

有的業務人員在說服顧客的過程中，抓不住顧客的心，要麼不痛不癢，要麼偏離主題。當顧客對產品提出異議時，業務人員應掌握主動權，學習說服技巧，針對異議，把話說到點子上，說到顧客的心裡去，步步深入，這樣才能打動顧客。

業務人員：「看您這年紀，您孩子快上中學了吧？」

顧客愣了一下：「對呀。」

業務人員：「先生，中學是最需要開發智力的時候，而我們公司開發的趣味學習遊戲機對您孩子的智力提高一定有很大的幫助。」

顧客：「我們不需要什麼遊戲機。孩子都上中學了，哪敢讓他玩遊戲呢？」

業務人員：「這個遊戲機是專門針對中學生設計的益智遊戲機，它把遊戲與數學、英語結合在一塊，絕不是一般的遊戲機。」

顧客：「遊戲與學習結合在一起？」

第六章　「要什麼，賣什麼」而不是「有什麼，賣什麼」
——高 EQ 幫你第一時間了解顧客需求

業務人員：「是的，遊戲機設計得好也可以成為孩子學習的重要工具。我為您展示一下。」漸漸地，顧客被吸引住了。

業務人員趁熱打鐵：「剛才有好幾位家長都買了這種遊戲機，他們都很高興能有這樣既能激發孩子學習興趣，又使家長不再為孩子玩遊戲而煩惱的產品，還希望以後有更多的系列產品呢！」

顧客動心了，開始詢問價錢。

最後，顧客心滿意足地購買了一臺趣味學習遊戲機。

在上述場景中，業務人員就是憑藉自己出色的口才實現交易的。業務人員說：「看您這年紀，您孩子快上中學了吧？」這是一種典型的感性提問，是業務人員根據經驗得出的結論。當得到顧客肯定的回答後，業務人員順水推舟介紹這款趣味學習遊戲機。顧客認為玩遊戲會影響孩子的功課，業務人員馬上把自己的遊戲機與中學生的智力開發問題連繫起來，並且把遊戲機定位成幫助孩子學習的重要工具。我們知道，家長是非常重視孩子學習和智力開發的，業務人員這樣說就說到點子上了，說到顧客心裡去了。果然，顧客被打動了，交易做成了。

該業務人員充分發揮了自己思維敏捷的優勢，巧妙地運用了口才藝術，一步一步、循循善誘，吸引了顧客的注意力，激發了顧客的購買欲。可見，業務人員要想取得良好的銷售業績，就必須加強自己的口才訓練，把話說到點子上，

提高自己的銷售能力。

出色的口才是優秀業務人員的必備技能，它不僅要求口齒伶俐、思維敏捷，還要求語言要有邏輯性，把話說到點子上。對於業務人員來說，良好的口才是說服顧客的利器，是掌握主動權的保證。

產品的獨特賣點是贏得顧客的關鍵點，業務人員要善於發現產品的獨特賣點，這就要靠巧妙地說話。據史書上記載，子禽問自己的老師墨子：「老師，一個人說多了話有沒有好處？」墨子回答說：「話說多了有什麼好處呢？比如池塘裡的青蛙整天整天地叫，弄得口乾舌燥，卻從來沒有人注意牠。但是雄雞，只在天亮時叫兩三聲，大家聽到雞啼就知道天要亮了，於是都注意牠，所以話要說在有用的地方。」

買賣最終能否做成，與業務人員對顧客的引導有關係，面對同樣的潛在顧客，不同的引導方式會導致不同的結果。如果想占有更廣闊的市場，業務人員就要不斷開發顧客的需求。針對不同的顧客，業務人員要從實際情況出發，設計不同的方法來引導顧客消費。

第六章 「要什麼,賣什麼」而不是「有什麼,賣什麼」
　　　　—高 EQ 幫你第一時間了解顧客需求

第七章
被拒絕,沒什麼大不了
——「絕處逢生」
是高 EQ 業務員的拿手絕活

第七章 被拒絕,沒什麼大不了
——「絕處逢生」是高 EQ 業務員的拿手絕活

■ 從顧客的拒絕中尋找銷售的絕佳機會

「銷售始於被拒絕時」,面對銷售時,人們往往習慣於拒絕。他們常說的是:「我們買不起」、「我想多比較幾家」、「太貴了」、「現在不太合適」。

上面的這些回答,你是不是聽得太多了,是不是有一種頭大的感覺?所以,我們就應該想想如何應對這些拒絕的藉口。

只要顧客不拒絕與你對話,你用某些預先設定的提問去「套路」他,就會發現拒絕的真正理由。只要你了解了拒絕的真正理由,便可以對症下藥,用你已經準備好的一套套銷售語言和技巧去說服他。

如果透過對話了解到,顧客拒絕的理由確實是「不需要」,繼續向他推銷就沒有必要了。

推銷的對象是那些有潛在需求的顧客。

那麼,顧客既然有需要,為什麼不立即購買呢?這裡可能有以下幾個原因:

第一個主要原因是顧客可能「沒有錢」。但這裡又包含了一個辨識問題。顧客是真的沒有錢,還是找藉口呢?這就需要業務人員用經驗去判斷了。優秀的業務人員能一眼辨識顧客真沒錢還是假沒錢。對於真的沒有錢,又不能分期付款的

顧客，要立即終止推銷。

第二個主要原因是顧客沒有發現自己有這種需求。有很多產品能給顧客帶來益處，如節省金錢，節省時間，解決各式各樣工作、生活中的問題。但是，顧客並不知道這個產品能給自己帶來這些利益，沒有發現自己有這種需求。這類顧客是我們進行推銷的重點。

第三個主要原因是顧客對產品不了解。這裡包括對產品的效能、功能不了解，或者是對產品的品質、製造商不了解等。

第四個主要原因是顧客對業務人員不信任。因為是第一次見面，對你不熟悉而產生不信任感；因為穿著、表情或講話時用詞不當，引起顧客的不滿或反感，這些都可能使顧客拒絕購買你的產品。對於這類顧客，業務人員最主要的任務是給他們留下良好的印象，與他們建立起良好關係。一旦顧客對業務人員投信任票，產品的推銷也就水到渠成了。

接下來你就應該考慮如何應付顧客的拒絕了。比如說：

◆ 場景一

業務人員：「您好！這是 xx 牌的 xxx，您看，這是最新的款式，有 xx 附加功能……」

顧客：「哦，我已經有了 xxx，大致上都還能用，不需要。」

第七章　被拒絕，沒什麼大不了
——「絕處逢生」是高 EQ 業務員的拿手絕活

這時，你可千萬不要放棄。世界上任何需求都是創造出來的。你可用一種啟發式的口吻說：「先生，在沒有現代交通工具的時候，人們出行靠的不都是馬車嗎？難道您認為有了馬車就沒有對汽車和飛機的需求了嗎？您是否覺得汽車和飛機比馬車更舒適、方便……」

這時候，顧客也許會重新考慮一下。

◆ 場景二

業務人員：「經理，您看您對我們的產品非常滿意，我們是不是可以考慮簽約了？」

顧客：「但是，xx 萬元太貴了，我實在沒辦法接受。」

業務人員：「那您能不能安排一下，我去和您的老闆說……」

在這種情況下，因為顧客已經對你很滿意了，你只要搞定他的老闆，爭取同意就可以了。

最後，有效處理拒絕的關鍵是仔細傾聽潛在顧客真正在說什麼，你得破譯他們真正的意思，深入了解並解決問題。你必須客觀地看待問題，如果可能的話，提供證據給顧客，不要僅僅依靠語言交流。你可以少說話，學會使用銷售工具、輔助手段以及任何可以向顧客展示產品效益的東西。因此，不要過早下結論，認為一旦被拒絕商品就賣不出去了。

拒絕的真正意義，在於顧客給了你機會去彌補不足並說

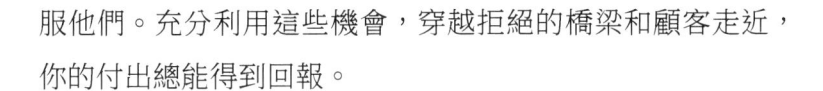

服他們。充分利用這些機會,穿越拒絕的橋梁和顧客走近,你的付出總能得到回報。

■ 怎樣留住一聲不響要離開的顧客

　　通常情況下,顧客在店內停留的時間越長,業務人員能傳遞給顧客的資訊也就越多。這樣一來,顧客對產品的了解就越多,越容易引起他的購買欲,成交的機率也就越大。所以在不強留顧客的前提下,業務人員應該設法讓顧客在店裡多停留一些時候。

　　但是如果顧客逛了一會兒之後就準備一聲不響地離開,只能說明兩個問題:一個是我們的產品沒能引起顧客的興趣,顧客不喜歡;二是顧客對店裡的商品或者服務不滿意,但又不想多說,於是就掉頭離開了。

　　面對準備一聲不響離開的顧客,業務人員需要站在顧客的角度用心去感受和揣摩顧客的心理,也可以透過詢問,探知顧客對店內商品和業務人員服務的意見,盡力引導顧客說出不滿意的具體原因,以便改進。如果已經確認了顧客真的沒有購買的意願,我們也要真誠地感謝其光臨,不要因為顧客不想買東西就沉下臉來,也不要過分地糾纏顧客。保持積極的態度,不要讓顧客感覺到你內心的失望,相反,要讓顧客感受到尊重,下次還願意踏進你的店內。

第七章　被拒絕，沒什麼大不了
──「絕處逢生」是高EQ業務員的拿手絕活

對於逛了一會兒就準備一聲不響離開的顧客，用下面的言語是十分不妥的：

- 「難道沒有你喜歡的嗎？」（這個問題非常無趣，最容易得到顧客的消極回應，自討沒趣）
- 「慢走不送。」（業務人員這種發洩式的語言會讓顧客非常惱怒，說這種話很容易讓顧客不願意再踏進你的店內半步）
- 「您別著急走，再挑一挑吧！」（廢話，沒有傳達給顧客留下來的理由）
- 「您到底想買什麼樣的呢？」（十分不耐煩的語氣，屬於「欠揍」的語言，只會讓顧客更加反感）

正確的應對方式應該是：

「美女您先別著急走，好嗎？請問是不是我們店內的衣服您都不喜歡，還是我的服務沒做到位呢？您能告訴我嗎？我好立即改正。謝謝您了，我是誠心想讓您滿意的。您能不能告訴我，您想挑什麼樣的衣服呢？」

「大哥請留步！實在很抱歉！一定是我沒能找到合您心意的手錶，才導致您沒興趣繼續看下去！您能再描述一下您想要的樣式嗎？我幫您再找找，或許能找到您滿意的呢？」

「大姐，您請留步。我能不能請您幫個忙呢？是這樣的，您買不買東西都沒有關係，我是新來的業務人員，很多方面

的工作都不是很熟悉,您能不能告訴我剛才的服務有什麼讓您不滿的,這樣我也好改進自己的工作,謝謝您了。」

「我知道您是專門抽時間出來購物的,為什麼這麼快就要離開了呢?」

■ 遇到難以滿足型顧客要耐心溝通

在銷售過程中,常常會遇到難以滿足型的顧客,他們脾氣大、好戰,好勝心很強,對別人往往不屑一顧。因此,他們堅決要贏得銷售交易的勝利,如果需要,甚至會羞辱業務人員。他們絕不允許說話的主動權落到對方手裡,業務人員面對這樣的顧客也要首先接受他們的指責。

業務人員:「先生您好!我是 xx 手機商城的業務人員小張,這是我們最新推出的 5G 手機,這款手機可以達到數 Gbps 的傳輸速度,是 4G 的數十倍,允許快速下載大型檔案、流暢觀看 4K 影片等。」

顧客:「我已經有手機了,現在沒必要換。」

業務人員:「先生,5G 手機和此前的手機相比差別實在是太大了。這款 5G 手機顯著降低了訊號傳輸的延遲時間,理論延遲可達 1 毫秒,非常適合需要即時回應的應用。還能同時連接更多裝置,比 4G 多出約 100 倍的裝置數量,非常適合智慧城市、物聯網等大量設備互聯的場景。還有新的頻譜和技術,如毫米波和小型基站,提升了訊號穩定性和傳輸

第七章　被拒絕，沒什麼大不了
——「絕處逢生」是高 EQ 業務員的拿手絕活

品質，就算在擁擠的環境中，仍然可以維持高速穩定的連線！還有低功耗的設計，更適合長時間連接，有助於延長電池壽命⋯⋯」

顧客：「是我了解我的需求，還是你了解，你以為自己是誰呀？」

業務人員：「我不是這個意思。先生，我是說我們這款新手機，非常適合您這樣的商業菁英，加快您的手機體驗速度和提高辦公與生活效率⋯⋯」

顧客：「行了行了，你們這些賣手機的，除了出一張嘴還能幹什麼？每幾個月就出新機，就不能一下子出完，然後來個冬眠？能跳一公尺，非要一公分一公分地跳，大家應該聯合起來抵制你們這種奸商。」

業務人員：「⋯⋯」

上述場景中的這位顧客表面上看對產品不感興趣，而透過後面的對話可以看出他其實是一位難以滿足型的顧客，對廠商和產品不能滿足顧客最終需求十分不滿。對於此類顧客，業務人員要避免與其爭吵，要接受對方的批評。

對付這類性格的顧客，業務人員先要接受他們的指責，避免與其發生口舌之爭，還要避免使用過於鮮明的形容詞修飾自己的產品。同時減少發問頻率，發問意味著向顧客爭奪說話的主動權。如果想使用讚美緩和氣氛，一定要做得不留痕跡。最重要的是，保持誠懇中性的語氣說話，同時繼續提

出方案,不使其偏離主題。注意,業務人員在與蓄意敵對的顧客交談時,盡量避免使用過多的形容詞對產品的特性、功能、品質、效能做修飾,以避免刺激顧客。另外,這種顧客之所以脾氣大,主要原因是不願在銷售場合中與業務人員談事情,業務人員應該創造更多交流的機會,多次嘗試與其進行充分的溝通,方可完成業務工作。

面對難以滿足型顧客,業務人員要做到不要過分讚美自己的產品,不與這類顧客爭吵,多多與之溝通,才能順利完成業務工作。

靈活應對顧客的拒絕與託詞

業務人員可以透過顧客異議了解顧客心理,知道他為何不買,從而有助於採取相應的對策。

在一家植物商店裡,一位顧客正在打量著一株非洲紫羅蘭。他說:「我打算買一株非洲紫羅蘭,但是我聽說要使紫羅蘭開花不是一件容易的事,我的朋友就從來沒看過他的紫羅蘭開花。」店裡的業務人員馬上說:「是的,您說得很正確,很多人的紫羅蘭開不了花。但是,您按照規定的要求去做,它肯定會開花的。這個說明書將告訴您怎樣照管紫羅蘭,請按照要求精心管理,如果它仍然開不了花,可以退回商店。」

第七章　被拒絕，沒什麼大不了
——「絕處逢生」是高 EQ 業務員的拿手絕活

這位營業員用一個「是的」對顧客的話表示贊同，用一個「但是」闡明瞭紫羅蘭不開花的原因，這種方法可以讓顧客心情愉快地糾正對商品的錯誤理解。

前面提過，在銷售過程中，顧客常常提出各種理由拒絕業務人員。他們會對業務人員說「產品沒有特色」、「價格太高了」等。

顧客的拒絕包括直接拒絕與異議拒絕兩種。直接拒絕就是類似「對不起，我不需要」此類的話，異議拒絕則是如下幾種類型：「我們買不起」、「我想多比較幾家」、「太貴了」、「現在不太合適」。

直接拒絕，說明顧客目前對你的產品不感興趣，不必糾纏，客氣道地謝離去，但要不時地與顧客保持聯絡，直到他們改變這種態度。改變態度的特徵就是他們用異議拒絕代替直接拒絕。

對於顧客的異議拒絕，業務人員要正確理解。顧客提出異議既是成交障礙，也是成交訊號。有一句經商格言：「褒貶是買主，喝采是閒人。」提出異議表明顧客對產品感興趣，包含著成交的希望，業務人員若給予顧客滿意的答覆，就有很大可能說服顧客購買產品。

■ 巧妙讓顧客由「拒絕」變為「接受」

不和顧客爭辯是優秀業務人員的辦事準則。如果同顧客爭辯，即使你贏了也不會使推銷獲得成功，因為你傷害了顧客的感情。

小陳是某電腦公司的業務人員，他費了很大功夫才向一個大客戶推銷了幾臺家用電腦。

三個星期後，他再度打電話跟那位顧客推銷，本以為對方會再向他購買幾臺的，不料，那位顧客一聽說是他，便抱怨起來。以下是兩人的對話：

顧客：「我不能再從你那裡買電腦了！因為你們公司的產品太不理想了。」

小陳：「為什麼？」

顧客：「因為你們電腦的主機太燙了，燙得連手都不能碰一下。」

小陳（知道和對方爭辯沒有任何益處）：「先生，我完全同意您的意見，如果主機溫度過高，應該退貨，是嗎？」

顧客：「是的。」

小陳：「當然，主機是熱的，但您當然不希望它的溫度超過 IEC 規定的標準，對嗎？」

顧客：「對的。」

小陳：「正常情況下，CPU 的溫度範圍在攝氏 45 ～ 65 度，對嗎？」

第七章　被拒絕，沒什麼大不了
─「絕處逢生」是高 EQ 業務員的拿手絕活

顧客：「對的。」

小陳：「您如果把手放在攝氏 65 度的熱水龍頭上，肯定會感到燙手對吧？」

顧客（不由得點頭）：「是。」

小陳：「所以放心，那完全是正常的。」

結果，小陳又做成了一筆生意。

在與顧客合作一段時間後，顧客突然提出終止合作，這種情況在銷售過程中也是經常遇到的。顧客拒絕時，如果業務人員與顧客爭辯，無疑會進一步刺激顧客的情緒，對扭轉局面是非常不利的。

從上述場景中可以看出，業務人員小陳在顧客投訴並拒絕再次採購時，說話稍有不慎就可能讓顧客不愉快，那樣即使顧客錯了也不願意對你做出讓步。顧客會投訴，意味著他需要更多的資訊。業務人員一旦與顧客發生爭執，拿出各式各樣的理由進行辯解，他可能在爭論中取勝，卻也徹底失去了這位顧客。案例中的業務人員小陳能成功，是因為他沒有和顧客爭辯，而是和顧客講道理。

業務人員小陳首先肯定了顧客的說法：「我完全同意您的意見，如果主機溫度過高，應該退貨，是嗎？」這句話，讓顧客感覺到小陳是與自己站在同一立場上的，於是情緒逐漸緩和，並放鬆了警惕。

接下來,小陳透過一步步的提問,把顧客的思維從右腦轉移到左腦,當顧客靜下心來進行理性思考時,終於明白了問題的真正原因,並決定繼續合作下去。

在實際銷售中,業務人員如果遇到類似的情況,不妨也採用小陳的策略,即先取得顧客的認可,再引導顧客進行深入思考,最終必會使顧客由「拒絕」變為「接受」。

如果顧客說了幾句抱怨的話,業務人員就還以一大堆反駁的話,不僅會因打斷了顧客的講話而使顧客生氣,也會使顧客想出許多拒絕購買的理由,結果當然就不可能達成交易。為了使推銷有效益,業務人員必須盡力克制情緒,要具備忍耐力,要不惜任何代價避免發生爭執。

■ 五類顧客拒絕的應對策略

顧客拒絕你的推薦,並不一定意味著顧客真的不需要你的產品,很多時候,你要多分析顧客拒絕背後的原因並找出應對策略,這樣才能提升你的銷售業績。

業務人員:「先生您好!歡迎光臨ＸＸ商城!請看看我們最新推出的產品吧!這是昨天剛剛上市的最新款⋯⋯」

顧客:「對不起,不需要,也沒興趣。」

第七章　被拒絕，沒什麼大不了
——「絕處逢生」是高 EQ 業務員的拿手絕活

當上述場景中的業務人員面帶熱情，向顧客推銷或介紹新的產品時，顧客卻冷冰冰地以各種方式拒絕了他，對於大部分業務人員來說這是家常便飯，很多業務人員認為顧客拒絕是因為真的不需要，其實，這是業務人員沒有仔細分析顧客各種拒絕方式背後所隱藏的真實原因。

在銷售中遭到拒絕，對於任何一個業務人員來說都是稀鬆平常的事情。但是，被拒絕不只是心裡不好受，還影響經濟收入，但你想過顧客為什麼拒絕你嗎？顧客是不是真的不需要你推薦的產品呢？大量的事實證明，在拒絕業務人員的顧客中，只有 20% 左右的顧客確實是真的不需要業務人員推薦的產品，而剩下的 80% 則是另有想法，弄懂這些顧客的想法，將會大大提升你的銷售業績。其實常見的顧客拒絕方式有五種，我們一一分析如下：

◆ **顧客說：「沒興趣，不需要。」**

顧客說沒興趣、不需要是業務人員聽到的最多的拒絕理由，因為這幾乎是顧客的口頭禪。但這個口頭禪恰恰又是業務人員讓顧客養成的，因為大部分業務人員喜歡顧客一來就推銷產品。對於來路不明、不熟悉的人和產品，顧客的第一反應肯定是不信任，所以很自然地就以沒興趣、不需要為由拒絕了。建立信任是銷售的核心所在，無法贏得信任就無法進行銷售，沒有信任的基礎，你說得越精采，顧客的心理防

禦就會越強。特別是誇大之詞更是少用為好，因為在成交之前，顧客對你說的每一句話都會抱著審視的態度，如果再加上不實之詞，其結果可想而知。

所以，避免此類拒絕最好的方式，就是在最開始的時候盡一切可能增加和堅定顧客的信任度。無論是產品的品質，還是個人的態度、舉止、形象都要讓人覺得可靠。

◆ 顧客說：「我現在很忙，以後再說吧。」

這種拒絕雖然出於好意，卻很難讓人思索透。有的是真的很忙，但大多數時候只是一個很溫柔的拒絕理由，不知道的人可能還會誤以為自己以後還有機會呢。對於這種拒絕，我們可以這麼說：「我知道，時間對於每個人來說都是非常寶貴的。這樣吧，為了節省時間，我們只花兩分鐘來談談這件事情。如果兩分鐘之後，您不感興趣，我立刻出去，再也不打擾您了，可以嗎？」

◆ 顧客說：「我們現在還沒有這個需求。」

社會在變化，需求也在不斷地變化。今天不需要，並不代表明天不需要；暫時不需要，不代表永遠不需要。所以有些需求是潛在的，關鍵在於你是否能把顧客沉睡的購買欲望給喚醒。有時候經常會存在這樣一種狀況：當你被人以「我們現在還沒有這個需求」為由拒絕之後，第二天卻發現這個顧客竟然在另外一家公司購買了同樣的產品。

第七章　被拒絕，沒什麼大不了
——「絕處逢生」是高 EQ 業務員的拿手絕活

　　心理學家在分析決定一個人是否購買某一商品的動機時，得出了這麼一個結論：人們的購買動機通常有兩個，一個是購買時這個產品能給自己帶來怎樣的快樂享受；另一個是如果不購買自己會遭受怎樣的損失和痛苦。將這兩個動機攻破了，顧客的拒絕碉堡也就自然攻破了。

◆ **顧客說**：「你們的產品沒什麼效果。」

　　顧客這麼說的話，實際上已經否定了業務人員的產品，並將此類銷售列入「黑名單」。這個問題有些棘手。業務人員必須站在顧客的立場考慮問題，在第一時間內承認錯誤，並積極地尋找問題的根源。讓顧客明白自己的產品已經今非昔比，過去不代表現在，並想辦法解決這個問題。

◆ **顧客說**：「你們的價格太高了。」

　　顧客說這樣的話，嚴格來說還談不上是一種拒絕，這實際上是一種積極的訊號。因為這意味著在顧客的心裡，除了「價格太高」之外，已經接受了除這個因素之外的其他各個方面。這個時候，立即與顧客爭辯或者一味降價都是十分不理智的。業務人員需要及時告訴顧客自己馬上與主管商量，盡量爭取給一個優惠的價格，但暗示有困難。等再次與顧客聯絡的時候，再告訴顧客降價的結果來之不易。降價的幅度不需要太大，但要讓顧客感覺到利潤的空間真的很小，銷售方已經到了沒有錢賺的邊緣。或者詢問顧客與哪類產品比較後

才覺得價格高,因為有很多顧客經常拿不同等級的產品進行比較。透過比較,讓顧客明白一分錢一分貨的道理,最終願意為高品質的產品和服務多付一些錢。

■ 破解對產品不滿意的顧客的深層想法

當業務人員成功修正了顧客先入為主的購買標準,並向其重新介紹了一款產品時,沒想到顧客卻說:「這個不好。」此時,業務人員應如何應對?

業務人員 A:「這個不好,您看這邊這個怎麼樣?」

業務人員 B:「那麼請您到這邊來。」

業務人員 C:「怎麼不好呢?這是賣得最好的一款。」

業務人員的一言一行必須釋放出對品牌的熱愛和自信。如果能做到這一點,就容易感染顧客,使其對品牌產生信心。

業務人員 A、B 的回答都是承認了顧客的判斷:這個商品不好。業務人員不可暗示或暗中承認商品不好,這樣一來,顧客也會跟著失去購買信心。不僅是對待定款的商品,對整個品牌都會降低信心,這對接下來的介紹非常不利。

業務人員 C 屬於直接和顧客爭辯,是沒有職業技巧的表現。在上述場景中,業務人員應這樣應對:

第七章　被拒絕，沒什麼大不了
　　——「絕處逢生」是高 EQ 業務員的拿手絕活

　　「是嗎？您哪裡不滿意呢？可以告訴我嗎？」待問清顧客不滿意的地方後，即可針對顧客的疑點進行解答或針對其買點進行新的商品介紹。

　　「這個還算不錯吧！再好點的，請您到這邊來……」

　　「這個機型還算比較暢銷，同樣暢銷的還有這款……」

　　很多時候顧客對產品的否定並不代表他真的不需要這樣的產品。當顧客對所介紹產品不滿意時，作為業務人員一定要學會破解顧客內心的真實需求。

　　那麼，當顧客對商品不滿意時該如何應對呢？要注意兩點：

　　第一是詢問，詢問顧客哪裡不滿意。這些問題，可巧妙地擊中顧客的隱衷，使其內心的真實想法完全表露出來。

　　第二是跳過這一款介紹另一款，在這個過程中最重要的是業務人員必須用委婉的語言和鄭重的表情重新定義顧客所謂的不滿意產品。

　　當遇到顧客對產品不滿意時，業務人員只有深入思考、破解顧客的深層想法，才能把產品賣出去。

■ 用感性語言扭轉銷售僵局

　　業務人員應該將產品資訊經過「消化吸收」變成自己的東西，然後運用感性的語言描述出來，讓顧客很快了解你所要表達的資訊，而且你也能迅速地掌握顧客的真實需求。

業務人員：「您好！這是最新的 xx 品牌 OLED 電視，色彩表現相當豐富，對比度極高，還支援 HDR10+ 和 Dolby Vision，讓畫面更細膩。」

顧客：「嗯，我們家裡有 4K 電視，還可以用。OLED 目前還不急需。」

業務人員：「了解，那您平常喜歡看什麼類型的節目呢？電影還是體育直播？」

顧客：「我喜歡看 NBA 比賽。」

業務人員：「那這款電視很適合您！OLED 技術在快速移動畫面上表現優異，幾乎沒有拖尾現象，特別是觀看籃球比賽時，您會感受到畫面流暢連貫。此外，OLED 的可視角度非常廣，無論從哪個角度都能看到清晰畫面，不會像一些液晶電視那樣在側面失真。」

顧客：「嗯，確實聽起來不錯，我的電視應該也可以吧？」

業務人員：「的確，但 OLED 能夠自發光，因此黑色特別純淨，對比度高，觀看電影時尤其有沉浸感。而且它支援 AI 影像增強，會自動調整畫質，讓每個畫面細節更加清晰。」

顧客：「這確實讓我有點心動了……」

業務人員：「另外，這款電視還配備了藍光過濾技術，適合有老人和孩子的家庭，減少長時間觀看對眼睛的負擔，讓家人更舒適。」

第七章　被拒絕，沒什麼大不了
——「絕處逢生」是高 EQ 業務員的拿手絕活

顧客:「嗯,那我考慮一下……」

最終,顧客被說服,購入了一臺 OLED 電視。

剛開始,業務人員向顧客介紹 OLED 電視,顧客表示暫時不需要,因為顧客沒有購買 OLED 電視的需求。這時候,如果業務人員繼續向顧客介紹產品,得到的回答必然是拒絕與反感。

上述場景中,業務人員馬上問顧客:「您平常喜歡看什麼類型的節目?」這是一種感性的提問。接下來,他又透過與顧客談影片連繫到 OLED 的技術,從而激發顧客對 OLED 產品的興趣,進而向顧客介紹自己的產品。

第八章
避免銷售「迷思」
——如何打破「迷思」,是每一個業務員的 EQ 必修課

第八章　避免銷售「迷思」
──如何打破「迷思」，是每一個業務員的 EQ 必修課

■ 不要認為業務人員就比顧客卑賤

有些業務人員無法正確理解業務這一工作的本質，認為業務人員在顧客面前就是低人一等。其實，我們要正確認識業務，它不是卑賤的工作，它是順應社會的需要而產生的。

恆恆是一個剛進入業務行業不久的新人，平時跟朋友、同事交流時都很自信。但是當他面對顧客時，卻好像完全變了一個人，總覺得自己比顧客矮半截，在顧客面前總表現出怯懦和緊張。這種情況在他接近那些老闆級別的人時，尤為明顯。

有一次，恆恆獲得了一個非常難得的銷售機會，不過需要跟那家合資公司的老闆面談。恆恆走進那間裝飾豪華的辦公室，就緊張得不得了，渾身打戰，甚至連說話的聲音都發起抖來。他好不容易控制住自己，不再發抖，但仍然緊張得說不出一句話。

老闆看著他，感到很驚訝。終於，他佝僂著背，結結巴巴地說道：「王總……啊……我早想來見您了……啊……我來介紹一下……啊……產品……」他那副點頭哈腰、低三下四的樣子讓王總覺得莫名其妙，甚至懷疑他有什麼不良企圖。

洽談於是不歡而散，大好機緣就這樣被生生浪費了。

的確，大人物一般社會地位高，且有一定的社會威望。許多業務人員會對大人物們畏首畏尾。然而，業務最大的忌

不要認為業務人員就比顧客卑賤

諱就是在顧客面前低三下四,過於謙卑。像案例中的恆恆這樣,還未到正式談判就已經敗下陣來。心理承受力如此差的人,實在無法成為合格的業務人員。

卑躬屈膝的態度,不但會直接影響你的形象,還會使你所銷售的產品貶值。畏畏縮縮、唯唯諾諾的業務人員,不可能得到顧客的好感,反而會讓顧客失望。因為你的表現讓人覺得你不是一個光明正大的人,不是個可信賴的人,那麼他對你推銷的產品就更不相信了。

優秀的業務人員要有勇於向不同顧客推銷產品的勇氣。如果總是逃避,不敢去做自己害怕的事情,不敢面對一些有錢有地位的顧客,就會失去很多機會。其實,許多你害怕的地方往往蘊藏著成功的機遇,如果你勇於邁出這一步,那麼你就很可能成功。

所以,業務人員要記住這樣幾點:

- 正確認識業務工作,業務不是卑賤的行業。
- 告訴自己:「任何人都是有感情的,只要自己努力了,就一定會有好的結果。」
- 肯定自身的價值,不要自卑。自輕自賤是許多業務人員在顧客面前卑躬屈膝的根本原因。
- 在銷售過程中,要盡量與顧客站坐平等。科學研究證明,交流雙方位置的不同對人的心理是有很大影響的。

第八章　避免銷售「迷思」
―如何打破「迷思」，是每一個業務員的 EQ 必修課

■「公司規定」不是拒絕顧客換貨的擋箭牌

「公司規定」其實是約束公司內部工作人員行為的，對於顧客，所有業務人員都要做到細心呵護，努力服務，而不是用「公司規定」去擋顧客。

某日，一對老夫婦提著兩個 xx 牌電鍋來到某賣場，說電鍋買了不到一個星期，覺得不適用，要求換貨。業務人員 A 接待後將兩個電鍋開箱檢查，發現電鍋已經使用過，而且還黏著米粒和水，於是向顧客說：「不好意思，這兩個電鍋您用過了，我們無法再次銷售。按照公司規定，我們不能讓您換。」

老人一聽頓時生氣了：「如果不用，我怎麼知道不好用呢？不能換，就退掉！」

業務人員 A 聽了，便又跟她重複了一遍退換貨規定，但顧客無心聽取，一直吵鬧不休。這時，另一業務人員 B 將已清理乾淨的電鍋拿了過來，對顧客說道：「不好意思，您這電鍋已使用過，不過我們考慮未超過 7 天，就幫您換一次，但您這次一定要選擇好，以後不能出現類似的情況，好嗎？」

「好的，好的，沒問題，我去選兩個其他類的電鍋。」業務人員 B 替老人辦理了退貨手續，帶他們到專櫃選購了其他款式的電鍋。

「我們的服務是為了顧客最大的滿意」，這是業務人員服務的宗旨。上述場景中業務人員 A 為了維護公司的利益而無

「公司規定」不是拒絕顧客換貨的擋箭牌

視顧客的要求,最終不僅沒有得到自己想要的結果,甚至可能會因此造成顧客的強烈不滿而使其流失。因此,我們應該樹立正確的銷售觀念,避免發生上述場景中的「因小失大」。場景中另一位業務人員 B 的處理方式既保全了商場的利益,也最終贏得了顧客的滿意,這種「折中」處理方式值得我們借鑑。

「這是公司的規定」這句話成了越來越多的商場客服人員應付顧客退貨、換貨的「擋箭牌」。

在這個以服務產業為主的賣場經濟中,各大賣場都把服務掛在嘴邊。然而,顧客真正需要的是有品質的服務。賣場要提升服務品質,就應該讓員工去做能令顧客滿意的事情,千萬不要讓工作人員對顧客說出「對不起,這是公司的規定」這類話。

賣場的規定通常是為了提高業務人員的工作效率和工作品質而設,並不是為了監督顧客或制約顧客的購買行為,商場規定只是內部規定,不具有法律效力。如果顧客認為自己的要求合情合理,那麼強調「這是我們公司的規定」也不會有什麼作用,尤其對正生氣的顧客來說,這句話讓他覺得自己不受重視,帶來心理上的挫傷,情緒更加沮喪、鬱悶、不滿。

第八章　避免銷售「迷思」
―如何打破「迷思」，是每一個業務員的 EQ 必修課

■「無解」的問題不要拿出來問顧客

在銷售產品的過程中，優秀的業務人員通常會透過提出巧妙的問題來引導顧客，誘出顧客的真實想法或真正需求，但在提出問題的時候千萬要注意，不要問事先不知道答案的問題。

業務人員：「先生，這支電話是您太太告訴我的。聽她說，你們近來有買車的打算，但最後的決定權在您手上。」

顧客：「是的，有這個想法，只不過還沒確定買什麼樣的車。」

業務人員：「聽您太太說，你們有六個孩子，而且年齡都不大。」

顧客：「是的。」

業務人員：「那麼遙控鎖是不是最適合您家？」

顧客：「是的。」

業務人員：「我打賭您也喜歡四門車。」

顧客：「是的。」

業務人員：「難道您不同意帶遙控鎖的四門車是你們最佳的選擇？」

顧客：「哦，是的，我們只會買帶遙控鎖的四門車。」

業務人員：「太好了，我們有幾款這樣的車可供您選擇。您看什麼時間看樣車方便？」

「無解」的問題不要拿出來問顧客

顧客：「這週末吧。」

業務人員：「好的，到時我會打電話給您，再見，先生。」

在法律系學生的課堂上，教授會告訴他們：「當你盤問證人席的證人時，不要問事先不知道答案的問題。」

相同的訓誡也可以用在銷售上。辯護律師如果事先不知道答案就盤問證人，會為他自己惹來很多麻煩，業務人員也是如此。

因此，絕對不要問只有「是」與「否」兩個答案的問題，除非你十分肯定答案是「是」。

例如，我們不會問顧客：「您想買雙門轎車嗎？」我們會說：「您想要雙門還是四門轎車？」

如果你用後面這種二選一的問題，你的顧客就無法拒絕你。相反，如果你用前面的問法，顧客很可能會對你說：「不。」

下面有幾個二選一的問題：

「您喜歡3月1日還是3月8日交貨？」

「發票要寄給您還是您的祕書？」

「您要用信用卡還是現金付帳？」

「您要紅色還是藍色的汽車？」

「您要用貨運還是空運？」

第八章　避免銷售「迷思」
—如何打破「迷思」，是每一個業務員的 EQ 必修課

可以看出，在上述問題中，無論顧客選擇哪個答案，業務人員都可以順利做成一筆生意。

要養成這樣說話的習慣：「難道您不同意⋯⋯」例如：「難道您不同意這是一部漂亮的車子，先生？」「難道您不同意這塊地可以看到壯觀的海景，先生？」「難道您不同意您試穿的這件貂皮大衣非常暖和，女士？」

這些問題你已很有把握顧客會做出肯定的回答，當顧客贊同你的意見時，也會衍生出肯定的回應。

在說服顧客的過程中，千萬別問只有「是」或「否」兩個答案的問題，除非你十分肯定答案是「是」，否則盡可能用二選一的問題讓顧客做出選擇。

■ 小心急切的詢問招來顧客反感

有的顧客在選購當天就想買下，有的顧客則是抱著閒逛的心情。業務人員很關注顧客是今天就想買還是閒逛，但是如果急切直接地詢問，很容易造成顧客的反感，喪失了成交的可能。

比如以下幾種問法：「您今天到底買不買啊？」「您喜歡的話今天就買吧？」「您是想今天買還是就來逛逛？」前面兩種問法反覆強調「買」這個字眼，語氣生硬，會讓顧客緊張，

小心急切的詢問招來顧客反感

感到被催促,甚至產生反抗情緒,本來想買也放棄繼續挑選。最後一種說法聽起來是在驅趕顧客,言下之意就是如果不買的話就不歡迎顧客,嚴重損害了店鋪的形象。

所以在詢問顧客購買時間的時候一定要注意策略,不要強調「買」字,可以選擇用別的字眼代替,用溫和委婉的方式降低顧客的戒備心理。另外,也可以製造緊迫感,強調商品的緊俏性,如果顧客不當時購買的話可能就會賣完了,激發顧客的購買欲。

一位女士走進一家家居用品店,看了一會兒目光落在了一個檯燈上。這時業務人員小李迎了上來。

小李:「不好意思打擾您一下,我想問一下您大概什麼時候要這個檯燈呢?」

顧客:「我還沒有決定,為什麼這樣問呢?」

小李:「真不好意思,因為這個檯燈是限量的,只剩這最後一個了。昨天有位顧客預定了今天來取,如果您今天要的話我可以打電話給她,讓她改天過來。如果您過兩天再要的話,我們就讓廠商補貨,但是可能要等一段時間了。」

顧客:「拿出來我看看,合適的話今天就要。」

另外也可以用其他顧客的失敗案例從側面吸引顧客購買。

業務人員:「請問您今天不打算拿這條裙子嗎?」

顧客:「我看看再說,你為什麼這麼問?」

第八章　避免銷售「迷思」
——如何打破「迷思」，是每一個業務員的 EQ 必修課

業務人員：「是這樣的，我建議您要是喜歡的話，最好今天就拿上。前幾天有一個顧客也喜歡這條裙子，但她當天沒有買。誰知道第二天再來的時候已經沒有她穿的尺碼了，挺遺憾的。」

顧客：「是嗎？那適合我的尺碼是不是也沒有了？」

業務人員：「這款裙子適合您穿的尺碼還有，但是只剩下兩件了。您要是喜歡的話我可以幫您留幾天，不過這款賣得很好，也不能留太久的。您看怎麼樣？」

顧客：「不用了，今天我就要了。」

聽了其他失敗的案例，確實想今天買的顧客，可能馬上就會做出決定。而閒逛的顧客可能就會說「那我改天再買吧」，或者是產生購買欲望也說不定。其實只要適當地運用談話技巧，很容易能夠了解顧客的購買時間，從而推進銷售流程。但是要注意的一點是，不能因為顧客今天只是閒逛就產生歧視，態度冷淡，擺出一副不歡迎的樣子。即使顧客今天不買，以後也會有購買的可能。對待顧客要一視同仁，周到熱情地接待，為以後的交易打好基礎。

■ 說服顧客不要超過十分鐘

黃偉是某公司的業務人員，經過一年的摸索和累積，他逐漸掌握了一些有關自己那一行的銷售經驗。他在為顧客介

紹產品之前，都會先寫下一些顧客可能問的問題，然後想出解決的方法。

介紹產品的時候，他透過一番問話找出顧客所存在的問題，然後他會根據自己事先寫好的以及自己想到的解決辦法幫顧客解決問題。他根據自己所售的產品能夠節能這一優點，告訴顧客購買他的產品的益處。為了更好地說明這些，他會適當地舉一些數據做比較。這樣一來，顧客大都被他說服，生意就基本做成了。

時間是一種稀缺資源，對於任何人來講都有節省的必要。無論對顧客還是對自己，都應當珍視和節省這種資源。

在現實中，那些業績高的業務人員都是一些做事果斷、說話簡短明瞭的人。在一家大公司的門口，寫著這幾個字：「要簡潔！所有的一切都要簡潔！」

在《紅樓夢》中有一回，鳳姐讓小丫頭小紅給平兒傳話。小紅從平兒處回來時，把四五件事壓縮在一小段話中回稟鳳姐：「我們奶奶問這裡奶奶好。我們二爺沒在家。雖然遲了兩天，只管請奶奶放心。等五奶奶好些，我們奶奶還會讓五奶奶來瞧奶奶呢。五奶奶前兒打發了人來說舅奶奶帶了信來了，問奶奶好⋯⋯」

局外人李紈聽了自然不懂，追問是什麼意思。鳳姐卻讚賞道：「這是四五門子的話呢。」她表揚小紅能把「四五門子的話」用幾句話表達出來，且當即決定把小紅放在自己的身

第八章　避免銷售「迷思」
──如何打破「迷思」，是每一個業務員的EQ必修課

邊。也可以說，小紅簡潔、準確的話語，贏得了鳳姐的信任。

鳳姐讚賞小紅說話簡潔、明確的同時，也指出了話語繁冗意味著辦事拖泥帶水。業務人員說話是否精采不在於長短，而在於是否抓住了關鍵，說到了點子上，打動顧客。顧客最喜歡的是有啥說啥，直來直去。對於那些空話套話，他們不但不願聽，甚至覺得是受精神折磨，浪費時間。

簡潔能使人愉快，使人易於接受。說話冗長累贅，會使人茫然和厭煩，並且無法達到目的。簡潔明瞭和聲音清晰，一定會使推銷者事半功倍。現在，不論是顧客，還是電話業務人員，時間都非常寶貴，沒空理會那些長篇大論、說不到點子上的話，只有高度凝練的話才能收到想要的效果。

現代商業人士往往業務繁忙，應接不暇，所以，業務人員的每一句話都要針對業務本身，萬萬不可拖延。但是，應該注意的是，說話簡潔絕非為簡而簡，以簡代精。簡潔要從實際效果出發，簡得適當，恰到好處。否則，硬是掐頭去尾，只能捉襟見肘，掛一漏萬，得不償失。那我們在銷售過程中怎樣才能做到言簡意賅呢？

◆ 重點培養自己分析問題的能力

要學會透過事物的表面現象，把握事物的本質特徵，並善於綜合概括。在這個基礎上形成的交流語言，才能準確、精闢，有力度，有魅力。

◆ 盡可能多地掌握一些詞彙

奇異公司的副總裁曾說過:「我們曾在各個分支機構的會議上進行過討論,內容就是電話業務人員為什麼會失去銷售機會。討論的結果顯示,失去機會是因為電話業務人員說得太多,雖然他們知道的並不豐富。」

◆ 「刪繁就簡」也是培養說話簡潔明快的一種有效方法

一個有豐富經驗的業務人員說:「在推銷中,如果使用的是電話交流的方式,我多數時候都能在 10 分鐘內結束談話。當然在通話之前,我會事先把要談的事情逐一列出,寫在一張紙上,然後再說:『我知道你很忙,有這麼幾件事需要和你討論……』這樣一來對方就很容易接受,從而願意和我交談。另外,談事情要開門見山,語言表達簡明扼要,這樣也能提高生意成交的機率。」

銷售產品不是你一個人的獨角戲

銷售活動不是業務人員一個人的事情,如果只是業務人員自己一直滔滔不絕地講,充其量也只是一出獨角戲,可能會感染「觀眾」,但無法引起他們的興趣。如果想要充分地調動顧客的積極性和參與熱情,業務人員就要打破「獨角戲」的模式,讓顧客參與到表演當中來,作為一個重要的角色一

第八章　避免銷售「迷思」
―如何打破「迷思」,是每一個業務員的 EQ 必修課

起演出,這樣顧客才會產生真切的感覺,投入自己的真情實感。

　　一般來說,用各種感覺來刺激顧客,讓顧客透過不同的感官感覺到商品的真實一面,才會使顧客產生強烈的購買欲望,才能成功地實現銷售。業務人員要善於引導顧客親自參與到銷售和示範工作當中來,把主動權交給顧客,業務人員只需站在一邊加以指導和說明就可以了。只有讓顧客親自動手,他才會獲得最真實的感覺,才會掌握第一手數據,這樣要比業務人員自己表演而顧客只當觀眾的效果要好得多。

　　威森從事的是銷售草圖的工作,在一家專門替服裝設計師和紡織品製造商設計花樣的畫室裡面銷售草圖。有一位著名的服裝設計師,成了他的銷售目標,威森不斷地拜訪,希望能從設計師這裡拿到訂單,可遺憾的是,一連三年,設計師都沒有買他的一張草圖。

　　每週去拜訪這位服裝設計師,這幾乎成了威森先生的慣例。或許是這位服裝設計師的眼光高,看不上威森銷售的草圖。但他卻能接見威森先生,而且每週都不厭其煩地接見,可見,這位服裝設計師也是一個和藹可親、頗有耐性的人,而且這些草圖當中一定有他自己感興趣的東西。威森先生自己也說:「他從不拒絕接見我,但他也從來不買我的東西。他總是很仔細地看看我的草圖,然後說:『不行,威森,我想我們今天談不攏了。』」最後,威森先生只能失望地離開。時間久了,威森感覺疲憊不堪。他決定花功夫去研究自己究竟

敗在何處。算起來，威森先生經歷了100多次的失敗，他覺得自己的失敗是由於自己過於墨守成規，不懂得變通。不久後，威森思索到一種新的方法。

這一天，威森在畫室裡，隨手就抓起幾張畫家們未完成的草圖，來到了這位久攻不克的服裝設計師的辦公室。

威森對設計師說：「如果您願意的話，希望您幫我一個小忙。」

設計師說：「我們已經算是老朋友了，我也沒有幫過你一個忙，有什麼需要我出力的，你就說吧！」

威森說：「這是一些尚未完成的草圖。能否請您告訴我，我們應該如何把它們完成才能對您有所幫助？」

這位設計師驚訝地看著威森。自威森向他銷售草圖以來，這是他第一次跑來徵求自己對這些草圖的意見，而且是如此迫切。這位設計師意識到了威森的變化，所以就很認真地看了那些草圖，然後客氣地說：「把這些圖留在我這裡幾天，然後再回來見我。」

三天以後，威森忐忑不安地去了。看得出來，這位設計師的確是下了大功夫，對於構圖、色彩、情調，他都提了許多的建議。

威森自從銷售草圖以來，對於設計也有了一些靈性，從這位設計師的意見當中，他也學到了不少的東西。取了草圖回到畫室，威森將這位服裝設計師的意見傳達給了畫家們，畫家按照這位設計師的意思把它們修飾完成。

第八章　避免銷售「迷思」
—如何打破「迷思」，是每一個業務員的 EQ 必修課

　　結果，這些草稿全部被這位著名設計師買走了，威森先生也開始了與他的長期合作。

　　從此以後，這位著名的服裝設計師訂購了許多其他的圖案，這些圖案全是按照他的想法完成的，而威森也因此賺了不少的錢。

　　後來，威森總結這件事情時說：「我現在才明白這麼多年來，為什麼我一直無法和這位買主做成買賣。我以前只是催促他買下我認為他應該買的東西。而我現在的做法正好相反。我鼓勵他把他的想法交給我。他現在覺得這些圖案是他自己創造的，這時我用不著去向他推銷，他自己就會購買了。」

　　對於一種商品，如果只是讓顧客在一旁觀看，容易讓顧客厭倦，更談不上產生購買的欲望了。相反，如果讓顧客參與其中，他們對商品就會有新的發現，而且能夠保持熱情，會對你所介紹的商品產生濃厚的興趣，這樣離實現成功銷售的目的就不遠了。

　　俗話說，「耳聽為虛」，顧客不會輕信業務人員對產品的介紹。要說服顧客，業務人員需要用一定的方式向顧客證明你的產品確實具有你所說的優點。為此，業務人員就要盡可能地用產品進行示範。

　　透過親自參與，給顧客留下深刻影響。顧客在潛意識中就會認同、接受產品或者服務，這樣他們就有可能掏錢購

買。因為顧客的參與越多,就越有一種做主人的感覺,對產品也就越有認同感,越容易決定購買。反之,只是一味地推銷,顧客一般不會接受。

■ 詆毀對手搞不好會弄巧成拙自討苦吃

業務人員千萬不要去極力貶低競爭品牌。我們可以強調各自的特點,對競爭品牌要一筆帶過,對自己貨品的優點應詳細說明,並將自己品牌的優點與顧客的個人需求結合起來以激發顧客的購買欲望。

某企業的總經理打算購買一臺筆記型電腦送給兒子當作高中畢業禮物。

某廣告曾給他留下印象,於是他到一家專門銷售這種筆記型電腦的商店去看貨。而這裡的業務人員在整個介紹過程中卻總是在說他的產品如何如何比 XX 品牌強。

作為總經理的他發現,在這位業務人員的心目中,後一種筆記型電腦是最厲害的競爭對手。儘管總經理沒有用過那種電腦,他還是決定最好先親自看一看再說。最後,他買了被該業務人員「詆毀」的 XX 牌電腦。對此結果,那位業務人員只有愕然和後悔。

不詆毀競爭對手是業務人員應遵循的一個原則。上述案例中的業務人員就是「聰明反被聰明誤」的典型。這個例子顯

第八章　避免銷售「迷思」
―如何打破「迷思」，是每一個業務員的 EQ 必修課

示，一個業務人員也可以為競爭對手賣東西，因為他對別人進行了攻擊，顧客在好奇心的驅使下產生了親自前去考察的念頭，最後造成了令攻擊者跌破眼鏡的結局。

不貶低、誹謗同行業的產品是業務人員的一條鐵的紀律。請記住，把別人的產品說得一無是處，絕不會給你自己的產品增加一點好處。缺乏職業道德，帶著強烈偏見，攻擊詆毀競爭對手，其實是銷售新手常犯的錯誤，他們低估了顧客的智商和警惕性。這不僅讓顧客對業務人員的職業操守產生懷疑，而且向顧客提了醒：他一定是發現部分對手非常厲害，覺得難以對付。人們還會推測，他對另一個公司的敵對情緒這麼大，那一定是因為他在該公司吃過大虧。顧客下一個結論就會是，如果這個廠商的生意在部分對手面前損失慘重，他的競爭對手的貨就屬上乘，應當先去那裡看看。

顧客買東西難免會貨比三家，當有些顧客主動拿我們的東西與競爭對手的產品比較的時候，確實令人不好處理。其實，遇到類似情況，作為業務人員一定要明白，我們根本沒有必要與顧客去比較兩家產品的好壞，我們只需要將我們產品的優點充分展示出來，同時弱化但不貶低競品就好。這樣，會讓顧客感到你是一個公平理智的業務人員，在無形之中就向你靠近了。例如：當顧客說你們的產品品質比不上某品牌時，業務人員可做如下應對：

◆ 場景一

「其實我們的品牌與您說的那個牌子都挺不錯的,只是各有各的特色而已,主要還是要看您喜歡的風格、款式,其實就是適不適合您自己的問題。我們品牌的特點是……我認為它特別適合您的是……」

◆ 場景二

「您真是好眼光,您說的這幾個牌子其實都很有自己的特色和設計風格,因為這幾個品牌都是很好的品牌,因此不是哪家比哪家好的問題,關鍵還是要根據顧客各自的需求來決定。請問您一般在選擇的時候是比較注重材質,還是……(引導顧客說出自己的購買偏好)如果是這樣,我認為我們的品牌特別適合您的個性化需求,因為我們品牌強調的是……我們的特點是……小姐,東西一定要自己親自來體驗才可以知道。來,這邊是我們的貨區,您先自己體驗體驗就知道了,小姐,這邊請!」

■ 沒有顧客會喜歡急躁的業務人員

一位有經驗的業務人員曾經說過,業務工作沒有什麼捷徑,在銷售過程中保持平和穩重,不失風度地等待,才更能夠贏得客戶的讚許。正所謂做什麼事都得一步一個腳印地

第八章　避免銷售「迷思」
——如何打破「迷思」，是每一個業務員的 EQ 必修課

走，無論做什麼工作，都要記住，穩中才能求勝，過於急躁反而會漏洞百出，即使得到一時的利益，也會對長遠的發展造成不良的影響。

在業務工作中，抱有急躁心理的業務人員不乏其人。很多業務人員在工作時心急火燎，總是希望能夠盡快和客戶簽單，一旦客戶遲疑一點，業務人員就開始沉不住氣，對客戶一催再催，這樣不僅容易引起客戶的反感，還會對今後的合作產生不利的影響。況且，以這種態度對待客戶不僅不正確，更顯得不禮貌。客戶之所以沒有馬上簽訂合約，也許是有著自己的考慮和安排，作為業務人員，應該學會耐心等待，這一方面是對客戶的尊敬，另一方面也表現出自己的穩重，同時也會避免在銷售過程中出現不必要的錯誤。

做業務工作需要耐心，不可能一蹴而就。情緒急躁的業務人員，做什麼事情都不能冷靜沉著，他們做事缺乏計畫性，經常會顛三倒四、手忙腳亂，結果是什麼也沒少做，卻什麼也沒有做成，反而更容易著急上火，形成惡性循環。雖然說做工作需要有緊迫感，不拖拉，不延緩，但要急中有細，快中求穩，按照計畫一步步地實施，而不是要省略過程，直接追求結果。

小剛是一家商店的業務人員，他是個爭強好勝的人，希望透過自己的努力做出好的成績，所以平時工作很認真，還因為業績突出榮登過商店的銷售榮譽榜。後來，商店裡來了

沒有顧客會喜歡急躁的業務人員

幾個優秀的業務人員,業績很突出,在小剛之上。於是,他心裡有些不服,想要超過他們。這樣的想法無疑是好的,但是表現在行動上,小剛就顯得有些急躁。每次有顧客光臨,小剛總是忍不住希望客戶能夠立刻購買自己所負責銷售的商品,他總是不停地催促顧客,反而讓顧客感到心煩厭惡,本來打算購買,也因為生氣而匆匆地離去了。

這樣,小剛看著自己的業績每況愈下,心裡更是著急,在銷售過程中手忙腳亂,還是忍不住一遍又一遍地催促顧客購買,如果顧客拒絕,他就會很生氣。慢慢地,小剛開始變得脾氣暴躁,動不動就想罵人,在工作中也是經常出錯,比如拿錯東西給顧客,少找顧客的錢等,引起了顧客以及同事的不滿。最後,因為顧客的投訴太多,經理不得不讓小剛先回家休息一段時間。

欲速則不達,小剛的急於求成,使他錯誤百出,不僅沒有提高業績,反而嚴重影響了工作,得不償失。

從小剛的故事中我們可以看到,雖然說工作需要快節奏完成,但是工作的秩序還是應該保持,而不應該被打亂。急躁就會出錯,凡事急於求成,會導致業務人員情緒紊亂,心態失衡,在工作收益上也會入不敷出,使業務人員得不到內心渴望的收穫。

而且,急躁是一種不良的情緒,對業務人員的工作能產生諸多負面的影響,因此,業務人員要調整自己的心態,在工作時,要保持冷靜和慎重,三思而後行,既不魯莽上陣,

第八章　避免銷售「迷思」
——如何打破「迷思」，是每一個業務員的 EQ 必修課

也不半途而廢。在銷售的過程中，要給客戶充足的考慮時間，不要一味地急於銷售，不斷催促。要注意工作的節奏，培養行為的計畫性和合理性，保持一顆平常心，從容地應對自己的工作。

■ 掌控交流時的火候，可別燒到自己

說話不分場合，不懂得說話的時機，這樣的業務人員注定不會成功。因此業務人員最需要注意的一點就是，說話要講究火候，在適當的時候說適當的話。

業務人員：「張經理您好。我是揚潤管理控制公司的業務人員，我們公司的主要業務是為使用者提供一整套開源節流的推薦計畫。」

張經理：「你有什麼事嗎？」

業務人員：「我們願意對你們公司目前的庫存狀況做一個調查，並告訴你們如何運用我們的『排列控制管理』方法，來周轉你們庫存資金的 10%。」

張經理：「哦。是這樣。」

業務人員：「但是，在您得到這項服務之前，我們要收取 750 的預付金，不過從為你們帶來的效益上來說，可不是用幾個 750 元可以計算的。」

張經理：「你說的這件事目前我們還不感興趣，再見。」

案例中業務人員在初識的階段,就提出這類問題:「……我們願意對你們公司目前的庫存狀況做一個調查,並告訴你們如何用我們的『排列控制管理』方法,周轉你們庫存資金的10%。」這是不合適的,顯得很唐突。

為什麼說唐突呢?顧客並不了解你們的狀況,你們之前也未向顧客送過一份有關該項服務的說明。對於顧客來說,這項服務在感性認知或理性認知上都不存在,那麼貿然說這種話會有什麼後果呢?會有一種把對方當智力貧乏者對待的嫌疑。因為它讓人感覺「你是在說我們的經營管理很差」,或者「你們的經營管理比我們更有效、更節省成本,我應該接受你們指點」。

在火候不到的時候說出這類話,很容易給予人「居高臨下」式的感覺,讓人聽完之後有種受辱感。把應放在後面說的話,放到了前面來講,就會出現這種弊端。也就是說,這句話本來應該放在了解顧客需求後再講。

如果非要在這裡說,就需要說得圓滑點。比如:

「有許多顧客,他們都願意花一些時間和精力,用我們提供的『排列方案』整理他們的庫存,然後讓滯銷的存貨順利地經營起來。錢嘛,正像您知道的,如果不發揮作用就沒有價值。」

這樣說,你覺得是否比上面那種說法好一些?

第八章　避免銷售「迷思」
—如何打破「迷思」，是每一個業務員的 EQ 必修課

接著後面的一句話「但是，在您得到這項服務之前，我們要收取 150 元的預付金，不過我們為您帶來的效益，可不是用幾個 150 元可以計算的」就更顯唐突了。很多人會認為業務人員只不過是為了賺自己的錢而來。

不掌控火候，在不恰當的時候說不恰當的話，就是致使這次通話最終失敗的真正原因。

■ 讚美如果太過分不如不要說

好話人人愛聽，但過分矯飾的讚美卻讓人渾身不自在。

一個業務人員看準女人都希望自己年輕這一點，凡見到女性即稱呼「小姐」。一次遇到一位年逾六旬、雍容華貴的老太太，直覺告訴他這是一個好顧客，於是十分熱心地招待，並在寒暄中知道這位太太姓李，頻頻稱呼她為「李小姐」。孰料，老太太覺得不妥，希望他改一下稱呼。然而，業務人員仍然堅持要以「李小姐」來稱呼，並且用十分諂媚的語氣說：「外表不年輕並不重要，只要內心保持年輕就好了。」

後來老太太雖然不再表示意見，但心中不悅的情緒早已產生，拒絕與排斥的念頭也開始在心中發酵。

我們經常說禮多人不怪，所以業務人員對顧客總是禮遇有加，並且經常會以近乎拍馬屁的態度去奉承每一個顧客，將人與人之間的溝通技巧建立在取悅對方的恭維上面，這種

做法其實是一種過度包裝。

銷售的技巧中雖然會用到一些稱讚的語言，但若是運用不當，就會出現相反的效果。也就是說，在讚美對方時，首先要考慮到一個事實，那就是顧客可以接受哪些稱讚的話，倘若適得其反，不如不用。身為業務人員，反應能力一定要快，當顧客出現反感時要立即打住，避免形成僵化的推銷局面。否則經常如此，業務能力不但不會提高，還會給人留下諂媚虛偽的印象。應該以更實際的做法來取得顧客的認同，並且隨時順應社會的變遷，掌握最新的資料，調整新的推銷策略，這樣，才能跟得上時代。

讚美顧客有助於業務人員和顧客形成良好的溝通，進而達成交易並保持良好的關係。讚美對於業務人員來說是相當重要的，它是一件好事，但絕不是一件易事。讚美顧客如果不審時度勢，不掌握良好的讚美技巧，即使業務人員出於真誠，也會將好事變成壞事。在讚美顧客時，以下技巧是可以運用的：

◆ 因人而異

顧客的水準有高低之分，年齡有長幼之別，因此要因人而異，突出個性，有所指的讚美比泛泛而談的讚美更能收到好的效果。年長的顧客總希望人們能夠回憶起其當年雄風，與其交談時，業務人員可以將其自豪的過去作為話題，以此

第八章　避免銷售「迷思」
——如何打破「迷思」，是每一個業務員的 EQ 必修課

來博得顧客的好感。對於年輕的顧客不妨適度地讚揚他的開創精神和打拚精神，並拿偉人的青年時代和他比較，證明其確實能夠平步青雲。對於商人，可以讚揚其生意興隆，財源滾滾。對於知識分子可以讚揚其淡泊名利，知識淵博等等。當然所有的讚揚都應該以事實為依據，千萬不要虛誇。

◆ 詳細具體

在和顧客的交流中，發現顧客有顯著成績的時候並不多見，因此業務人員要善於發現顧客哪怕是最微小的長處，並不失時機地予以讚美。讓顧客感覺到業務人員真摯、親切和可信，距離自然會越拉越近。

◆ 情真意切

說話的根本在於真誠。雖然每一個人都喜歡聽讚美的話，但是，如果業務人員的讚美並不是基於事實或者發自內心，就很難讓顧客相信，甚至顧客會認為業務人員在諷刺他。

◆ 合乎時宜

讚美顧客要見機行事。開局讚美能拉近和顧客的距離，到交易達成後再讚美顧客就有些為過。如果顧客剛剛受到挫折，業務人員的讚美往往能夠產生激勵其鬥志的作用，但是如果顧客取得了一些成就，已經被讚美聲包圍並對此產生抵制情緒時，再加以讚美就容易被人認為有溜鬚拍馬的嫌疑。

◆ 雪中送炭

在我們的生活中,受挫折的人實在是太多。人們往往把讚美給予那些功成名就的勝利者,然而這種勝利者畢竟是極少數,很多人在平時處處受到打擊,很難聽到一句讚揚的話。業務人員適時地對顧客進行讚美,往往能夠讓顧客把業務人員當作知心朋友來對待。在這種環境中,最容易達成交易。當然對於業務人員來說,不要心裡存在任何愧疚,認為是透過和顧客拉關係來推銷產品,只要業務人員的讚美是出於真心誠意,這種方法就是可行的。

第八章　避免銷售「迷思」
―如何打破「迷思」，是每一個業務員的 EQ 必修課

第九章
遠離銷售「禁區」
——別讓低 EQ 害了你

第九章　遠離銷售「禁區」
　　　　—別讓低 EQ 害了你

■ 保持平常心，不可盲目自大

不可否認，有的人在控制自己的情緒方面，總是容易走上極端，要麼消極悲觀、妄自菲薄，要麼自高自大、自以為是。這些情緒在業務工作中都是要不得的，妄自菲薄只能讓人陷入沉淪的泥潭，盲目自大則會使人走向失敗的深淵。

自大的人，往往會缺少應有的禮貌，沒有謙遜的品質，在人前只會一味地吹噓自己，渾身透著一股小家子氣。盲目自大，雖然可能換回別人一時的讚嘆，但最終還是會因為名不副實而使自己的名譽受損，成就減半。

無論在什麼場合，盲目自大的情緒都是要不得的，從小的方面來說，盲目自大會限制發展；從長遠來看，則會斷送自己的前程。

自大的人總認為自己是了不起的人，但事實上他們往往不是最有本事和能力的人，因為最有本事的人只會用實際行動來說明問題，而不是僅憑言語來炫耀。盲目自大往往與無知連在一起，因為看不見別人的優點，便過高地猜想自己，過低地猜想別人。這樣的人口頭上無所不能，看不起任何人，只有當真正碰上對手時，才知道自己是多麼不堪一擊。

就像有些業務人員，在取得一點點成績之後，就開始心生得意，覺得自己已經無人能及了，於是便總以大師自居，隨意指教別人，不管遇到什麼問題都說自己能行，目的只是

炫耀自己。可是到真正去解決的時候，就無所適從了。

俗話說，人貴有自知之明，只有正確地認識自己，把自己放在合適的位置上，才能更好地發揮自身的價值。

蕭然原本積極上進，熱情大方，和同事們相處得也很愉快，在工作上更是很快就上手，獲得了比較突出的銷售業績，不到一年時間，就成了店裡的業務明星。

剛剛取得一點成就的蕭然，就被自己的虛榮心所矇蔽，變得自高自大、自以為是。

一次，店裡來了位很可能成交大宗生意的顧客，但是他要求比較苛刻，於是老闆就讓蕭然親自出馬。蕭然欣然接受，誇下海口說自己一個小時就能成交。

結果，在與顧客商談的過程中，蕭然醜態百出，令客戶很不滿意，最後不得不尷尬地看著顧客離開。此事傳開，蕭然受到了同事的嘲笑和老闆的責備。

要想做好業務工作，需要業務人員一步一個腳印，腳踏實地地累積經驗，即使有了一定的成績也不能驕傲自滿。如果沉醉於已有的成績不思進取，早晚會被別人超過。盲目自大的結果只能是自毀、失敗，只有虛心謹慎、求真務實的人，才能在事業上有所成就。

可以說，盲目自大就像麻醉品一樣使人麻痺大意，看不清自己的位置和前進的方向，只知道陶醉在虛無的優越感中，總是自我感覺良好，甚至趾高氣揚、目中無人，不懂得

第九章　遠離銷售「禁區」
——別讓低 EQ 害了你

學習和提高自己,這樣做的結果只會被顧客所厭棄,不斷退步,最終走向失敗的深淵。

■ 不要與果斷型顧客針鋒相對

面對說一不二的果斷型顧客,業務人員要善於運用誘導法將其說服,報價時可以稍微高一些,盡量不要說與這次銷售無關的事情。

江先生是一位退役軍人。他具備典型的軍人氣質,說一不二,剛正而固執,做什麼事都有條有理,十分乾脆。這天,他準備替退役返回老家的自己添置幾件家具,業務人員小李接待了他。

小李:「江先生您好!歡迎光臨 xx 家居店,您打算買點什麼呢?」

江先生(斬釘截鐵):「我想添置兩張桌子,一個書櫃和幾把椅子。」

小李:「呵呵,那我跟你推薦一下我們店裡這季的幾款暢銷品吧,保證您滿意。」

江先生:「嗯,你要是推薦得好,我就買。」

江先生是一位很果斷的顧客,業務人員小李比較有經驗,他用自己的專業知識替江先生找了一套很合適的家具。從而保證銷售的正常進行。

不要與果斷型顧客針鋒相對

顧名思義，果斷型顧客的辦事風格是直接、乾脆，當你聽到對方說：「這樣吧，你要是再便宜200塊錢，我們就成交。」毫無疑問，他一定屬於果斷型的顧客。果斷型顧客有一個明顯的特點，就是對任何事情都很有自信，凡事親力親為，不喜歡他人干涉。但是，如果他意識到做某件事是正確的，那他就會比較積極、爽快地去做。

在討價還價的過程中，不要試圖透過與這種類型的顧客閒聊來改善氣氛，因為他們認為討價還價應該直截了當，任何與這個內容無關的話題均為廢話，簡直就是在浪費時間，所以你要避免過多的寒暄與過分的熱情，他們並不習慣這種方式。果斷型的人不會在意對方的感覺，也不會顧及對方的面子，缺乏人情味，只關心交易的進展。當購買產品過程中出現分歧時，他們會毫不猶豫地拒絕你，如果產品能夠滿足其需求，他們也會立即做出決定。

在產品銷售中與果斷型顧客針鋒相對顯然是不明智的，那樣只會把事情變得更糟。通常他們會在某個議題上爭論不休，並且一定要分出勝負，價格是最常見的爭議焦點，也許你的報價已經低於其他賣場的平均價格，但他們絕不會就此罷手，還會努力地壓低價格。當遇到這樣的局面時，建議在第一次報價時適當調高價格，增加討論空間，在正式的討價還價中做出多次讓步，雖然從結果上並沒有損失，但你讓對方認為他們贏得了這次較量。如果在每次交易後對方都有很

第九章　遠離銷售「禁區」
─別讓低 EQ 害了你

好的感覺,那麼他們就很容易下一次也從你這裡購買產品。

在產品銷售過程中,如果業務人員遇到果斷型的顧客,就要善於運用誘導法將其說服。比如說,找出這種顧客的弱點,然後再一步步誘導他將注意力轉移到你的產品推銷上來。

■ 與自我防衛型顧客溝通不要直奔主題

顧名思義,自我防衛型顧客的自我防衛意識非常強烈,總擔心受騙上當。他們極易把他人的行為解讀為「居心叵測、不懷好意」。對商品的購買最關心,而對業務人員的熱心介紹反而不在意。

即使遇到業務人員主動推銷或者促銷活動,也會本能地加以抗拒,哪怕對某些商品感興趣,也會在言辭中流露出一副高姿態,對商品挑三揀四後仍顯得心有不甘。

這種類型的顧客總是沉著地思考、慎重地選擇,通常要花很長的時間才能做出決定。因此,必須耐心地傾聽顧客的要求,選定最合適的商品,充滿自信地推薦給顧客,絕不能急於求成,強迫顧客。與自我防衛型顧客溝通,業務人員一定要耐心,切不可直奔主題,進行進攻性勸說。我們來看下面這個業務人員是如何做的。

「有什麼可以幫您？」業務人員笑臉迎上正走進店鋪的顧客。面對店內各色各樣的玩具，顧客只是淡淡地說：「隨便看看。」不和業務人員對視目光，直接步向旁邊，好像不願再和業務人員交談。這時，業務人員不再說話，與顧客保持了一定的距離，默默關注著顧客的舉動。顧客拿起一個玩具仔細觀看，這時業務人員說：「這是我們的新款兒童玩具……」「你們這是山寨貨吧！怎麼做工這麼粗糙？」顧客突然很不屑地看著手上的玩具。業務人員微笑說道：「做工有一點出入是無法避免的，但是請您相信這都是正規廠商生產的，全國的實體店賣的都跟我們一樣。」

這位業務人員面對顧客的不信任沒有生氣，反而微笑著給予誠懇的回答。忍耐比辯解更容易讓顧客信服。業務人員面對這種顧客最需要注意的就是「忍耐」，不要與他們爭強鬥狠，因為即使你占了上風，也達不成交易，應當以退為進，在看似落於下風的情形下取得實質性的勝利。因此，在與自我防衛型顧客溝通時，應該注意以下幾點：

- 保護顧客的自尊心。講話要謹慎，不可流露出輕視之意。
- 不要隨便否定顧客的觀點與看法，以防他對你產生敵意。
- 切忌當他的面指責、挑剔別的商品，他會因此懷疑你的產品品質，從而對你敬而遠之。

第九章　遠離銷售「禁區」
　　—別讓低EQ害了你

■　對這類顧客的疑問,要耐心解釋,熱心幫助。少提建議,建議過多會讓他產生一種壓迫感,讓他自己選擇、比較,決定是否購買。

　　總之,與自我防衛型顧客溝通時,一定要在態度上給予人坦誠老實的感覺,說話要注意語氣,適當地表示你對顧客意見的贊同,還可主動承認產品的一些「小問題」。為了證明你說的話絕不摻假,可以搬出第三方來使其信服,如將獲獎證書、權力機構的認證證明請其過目,相信這些能令其折服。

■ 不要對隨和型顧客進行狂轟濫炸

　　想一想,在生活中,你最喜歡與什麼樣的人交流?作為業務人員,你最喜歡與什麼類型的顧客打交道?在這兩個問題的回答中,「隨和型」占了大多數。可是,你真的了解隨和型顧客的特點嗎?

　　隨和型的顧客性格溫和、態度友善,面對向他介紹或者推銷產品的業務人員時,他們往往會比較配合,不會讓人難堪。即使他們並不需要產品,或對業務人員的介紹並不感興趣,也會容忍地等待業務人員講完,因為他們喜歡規避衝突和不愉快。

不要對隨和型顧客進行狂轟濫炸

在規避衝突的同時，隨和型顧客也迴避著壓力，他們不喜歡被施加壓力的感覺，對壓力本能地排斥，甚至恐懼。隨和型的顧客最大的缺點就是做事缺乏主見，比較消極被動，在購買時總是猶豫不決，很難做出決定。而此時業務人員如果能夠適當向其施加壓力，就會迫使他們做出選擇。當然一定要注意施加壓力的方式和力道，比如業務人員可以以專業自信的言談給顧客積極誠懇的建議，並多多使用肯定性的語言加以鼓勵，促使顧客盡快做出決定。

在一家電腦專賣店，進來一位姓張的顧客，業務人員芳芳看到顧客進門，忙走過去介紹起一款品牌筆記型電腦，言辭急切，勸說張先生盡快購買。張先生雖然點頭稱是，並微笑著傾聽芳芳的介紹，卻並沒有購買的意思。

這時另一名業務人員阿弘經過對他們的觀察，發現張先生是一個比較隨和的人，卻缺乏主見。而芳芳急於推銷，顯然已經讓顧客有些不舒服，激起了張先生的反抗心理，對芳芳表示出不信任，所以即使她再苦口婆心地勸說，張先生也是不會購買的。

於是阿弘走上前來，禮貌溫和地說：「張先生，既然您暫時決定不了，不如我帶您看看其他品牌的電腦，您可以對比一下，想好之後再做決定。」

張先生很高興地同意了。阿弘耐心地帶他看了七八款筆記型電腦，並認真地介紹各款產品的特點。在他選出兩種之後，又幫他做了詳細的比較、分析，最終張先生拿定了主

第九章　遠離銷售「禁區」
─別讓低 EQ 害了你

意。鑑於阿弘專業而周到的服務，張先生對他非常信任，在這次購買電腦之後，又多次前來光顧。

上述場景中的業務人員阿弘就是摸清楚了顧客的心理，並順著顧客的特徵，對其做了積極的引導，最終促成了交易，並在今後依然得到顧客的信任。隨和型的顧客表面上看似溫和、性子慢、有耐心，但是其內心也是十分固執的。業務人員急於把商品推銷給他，死纏爛打，拚命將產品往顧客懷裡推，會讓顧客非常不舒服並且產生懷疑，業務人員越熱情，顧客越拒絕。雖然隨和型顧客不會大發脾氣，奪門而走，卻會堅持拒絕到底。

對於隨和型的顧客，狂轟濫炸起不了作用，反而容易引起他們的反感，因為隨和型的顧客害怕受到壓力，不喜歡受到別人的強迫。說服這樣的顧客最好的辦法就是消除顧客的疑慮，用真誠來為顧客製造壓力，攻破顧客的心理防線，使顧客沒有拒絕的理由，最終水到渠成地促成交易。

■ 千萬別向顧客許下「空頭支票」

業務人員在與顧客溝通的任何階段，都要對顧客保持誠信。如果你欺騙了顧客，那他（她）遲早會有所察覺，一旦他們感覺到被欺騙，那你就永遠別想在他們那裡實現成交。

千萬別向顧客許下「空頭支票」

翠翠是一位攝影器材業務人員,她與顧客張先生已經打了很長時間的交道。這天,她又往張先生的工作室打了電話。

翠翠:「張先生,今天的客人(攝影者)多嗎?」

張先生:「不多,有些預約我都推掉了。」

翠翠:「為什麼?今天有什麼活動嗎?」

張先生:「有一個大顧客需要我們到他們的場地去拍攝。對不起,我馬上就要收拾東西走了。」

翠翠(有些著急):「張先生,我們談的關於您引進攝影器材的問題不知您能不能定下來?」

張先生:「妳也聽到了,我今天沒時間。」

翠翠:「張先生,您若購買我們這種器材,我還可以為您提供幾個大客戶。我在業務圈打滾這些年,認識了各行各業的人,其中有兩個人就提到了要請個專業的攝影師為自己的婚禮攝影,還有為公司開業做錄影的。」

張先生:「是嗎?那麼我倒是可以考慮。」

翠翠:「那就這麼說定了。」

張先生:「好,我下午回來就可以和妳簽購買協議。」

(拿了訂單的翠翠立刻就把自己的承諾扔到了九霄雲外,滿懷希望的張先生既等不來翠翠的電話,也等不來翠翠介紹的顧客。終於,他怒不可遏地拿起電話打給翠翠)

張先生:「妳這個騙子,為了獲得訂單就騙人說妳有顧

第九章　遠離銷售「禁區」
　　　　—別讓低 EQ 害了你

客，妳這樣做還有誰會信任妳？」

翠翠這才想起她的承諾，其實她哪有什麼為婚禮而找攝影師的顧客呀，那只不過是她為了儘早拿到那筆訂單而信口找來的理由罷了。

在銷售中，很多業務人員常常透過向顧客許諾來打消顧客的顧慮，如許諾承擔品質風險，保證商品優質，保證賠償顧客的損失；答應在購買時間、數量、價格、交貨期、服務等方面給顧客提供優惠。但有些業務人員說起話來不假思索，隨處許諾，甚至許下很多自己根本就實現不了的諾言。

其中，一些人是誇大自己的能力和產品的效能，另外一部分人是壓根就沒準備兌現自己的承諾，他們都是一幫前說後忘的人。久而久之，這種「空頭支票」必然會加劇顧客的反感，更不用說什麼信任感了。就像案例中的業務人員翠翠那樣。翠翠之所以遭到顧客的指責，完全在於她信口胡謅而不能遵守諾言。雖然她已經拿下了訂單，但是她失去的將會是顧客對她永久的信任和以後的交易機會。

由此可見，作為一名業務人員，最好不要開「空頭支票」。「空頭支票」不僅僅會給他人增添無謂的麻煩，而且還會損害自己的名譽，失去更多的成交機會。因此，在銷售中，業務人員要盡可能地減少對顧客的承諾，即使是那些你很容易就可以做到的事情。當然，適當的承諾的確可以達到增強顧客購買決心的目的。

如果在溝通的過程中,對於顧客比較關心的一系列問題,業務人員都不能給予及時承諾的話,顧客就會對產品或服務產生疑慮,從而不利於促成交易。所以在具體的溝通過程中,如果顧客提出的要求是合理的,同時確信自己可以透過努力滿足顧客的要求,而且這些承諾有利於促進交易的實現,那麼業務人員就可以做出承諾。

■ 別做顧客討厭的黏人精

很多業務人員為了給顧客最熱情、最周到的服務,常常會寸步不離地跟在顧客身邊,喋喋不休地向顧客介紹產品。這種「黏人式」的熱情服務會讓顧客感到一種無形的壓力,透不過氣來。這種做法就如同餓狼看見了綿羊,恨不得立即撲上去,只會讓消費者想快點逃跑。

當顧客提出「你別跟著我,我自己會看」時,肯定是業務人員過分熱情且讓顧客感到不安了。業務人員應該立即調整接待的節奏和策略,真誠友善地向顧客道歉,然後表示在顧客需要幫助的時候,你會及時出現,讓其自由自在地觀看和挑選。然後跟顧客保持一定的距離,留意顧客動向,當他們發出求助訊號的時候再適時地提供幫助。

通常情況下,當顧客說「我自己會看,你別跟著我」的時候,我們最好不要這樣回答:

第九章　遠離銷售「禁區」
　　　──別讓低 EQ 害了你

「哦，那好，您就自己隨便看看吧！」

這種回答太消極了，沒法讓顧客產生任何關於購物的有利聯想。相反暗示顧客隨便看看就行，看完就走。

「這是我的工作啊，您以為我想跟著您？」

這種回答帶有怨氣，遷怒顧客，非常沒有禮貌，會讓顧客很生氣。

「還是我為您介紹一下吧？」

這種回答非常不識相，顧客明明已經對你跟著他感到不悅了，你還纏著不放，顧客很可能打消購物的念頭。

業務人員在接待顧客的時候，一定要注意方式和方法。對於那些不願被人打擾的顧客，業務人員不要緊跟其後，可以向顧客真誠說明：「請您慢慢看，如有什麼需要幫忙的，請隨時吩咐。」然後讓顧客毫無壓力地在店裡走動，並挑選商品。

也有許多顧客認為業務人員跟著就是想推銷商品，以至於在初步接觸時，就不耐煩地說：「幹嘛老跟著我？看看不行呀？」遇到這種顧客時，業務人員一定要先順從他，而後面帶微笑地致以歉意，並表示這是自己的本職工作：「對不起，我只是為了您有問題時能更方便地得到解答，同時這也是為了貫徹我們商店『服務至上』的宗旨！」這樣一來，顧客可能

會回答說「我只是隨便看看」，而不會產生明顯的牴觸情緒。

對於前來購物的顧客首先要細心觀察。如果顧客一進來就環顧四周，業務人員就要主動走上前為之服務；而對於走進來就只看商品的顧客，業務人員不要貿然服務，待對方發問時再上前為其說明商品的特性即可，否則只會讓這類顧客生厭。

如果我們沒有處理恰當，導致顧客直接說「我自己會看，你別跟著我」的時候，我們可以用下面的話來應對：

- 「好的，既然您想自己安靜地看看，那我也不打擾您了。您放心挑選，如果看到喜歡的就叫我一聲吧！」
- 「好的，美女您肯定是行家，眼光應該比我強多了。您慢慢看、多比較，如果有什麼問題或需要請隨時叫我，我很樂意為您服務！」（讚美顧客，讓其對產品感興趣之前先對你產生好感）
- 「沒問題，那您自己先慢慢看，如果有需要，請叫我一聲，我馬上過來。您放心，無論您買不買，我們的服務都是一流的。」
- 「帥哥真是對不起，我只是為了您有問題時能更方便地得到解答！既然您自己想安靜地看看，那我也不打擾您了。請您放心挑選，如果有什麼需要就喊我一聲吧！」（順從顧客，致以歉意，表明隨時服務的態度）

第九章　遠離銷售「禁區」
　　　　─別讓低 EQ 害了你

■ 「好的，沒問題！我看大姐也是個爽快人。既然您想一個人慢慢看，那我就先忙點別的，等您挑好了或者需要我幫忙了，就招呼我一聲，我會馬上過來的，好嗎？」

■ 不願管「分外事」的業務人員留不住顧客

　　劉先生是星光社區的住戶，一天下班後，看到放在客廳裡面的那個石英鐘又不走了，那是五年前買的一個價格很便宜的石英鐘，最近半年老是出現故障。於是，他就到附近的一個商場去買一個新的石英鐘。找了半天，不知道石英鐘在哪裡放著。這時，他朝著冷氣賣場走去。

　　見到冷氣賣場的業務人員，劉先生微笑著問：「您好，請問，我想要買一個裝電池的石英鐘，不知道放在哪裡？」

　　這名業務人員回答：「你要買的是石英鐘啊，我只是冷氣賣場的一個業務人員，石英鐘不在我的貨區，所以不是我的業務範圍。您找一下那個小家電賣場的業務人員吧。」

　　劉先生急了：「你說的這是什麼話，你不是這個商場的員工嗎？再說，我剛才找了，那個小家電賣場的業務人員不知道到哪裡去了！」

　　這名業務人員也惱火了：「不是我的貨區，我和您一樣是外行，其實我都不是很清楚石英鐘會在哪個貨區，關於那個貨區的商品您問我等於白問啊，我沒有說錯吧？」

不願管「分外事」的業務人員留不住顧客

劉先生聽了這名業務人員的話，非常生氣，吵嚷著叫來電器城的部門負責人，說：「你們這裡分工真明確，各人自掃門前雪啊！想買個石英鐘也沒人幫忙指一下路，我以後再也不來了！」說完，劉先生頭也不回地走了。

顧客在賣場中購買商品，會遇到很多問題。比如找不到商品在哪裡放置，在貨架上找不見自己想買的商品⋯⋯而案例中的這名業務人員的做法則是錯誤的，招致了顧客的極度不滿，對於整個商店的經營有害無益。正確的做法應該是：賣場中的業務人員或者其他工作人員應該及時、主動地為顧客答疑解惑。

當賣場規模很大的時候，商品琳瑯滿目，有很多大類，很多大類下面又有很多小類。顧客在賣場裡逛了半天卻找不到自己想要買的東西是非常常見的。這時候，碰到一位賣場的工作人員，對於顧客來說，就好比看到了「救星」。所以，顧客向工作人員詢問自己商品的位置是極其合理的事情。

當然，商場中的員工也有很多分類。有理貨員、業務人員等，而且這些員工又都屬於不同的貨區。當顧客向一名員工詢問不屬於他自己貨區的資訊時，我們是選擇虛心回答呢？還是像場景中的這名業務人員一樣，認為不是自己貨區的事就推卸責任呢？顯然，正確的做法應該是第一種。無論顧客問到的貨品是不是自己貨區的，賣場所有工作人員都要虛心對待。顧客找不到自己想要買的商品，或者對商品的具

第九章　遠離銷售「禁區」
——別讓低 EQ 害了你

體資訊不了解，急待解決時，是一個為賣場及業務人員自己加分的好時機。

所以，只要顧客在賣場中有了疑問，賣場中所有員工的原則就是不要讓問題在顧客那裡擱置，想方設法為顧客解決。

所有工作人員，尤其是業務人員，在通道上看見顧客應微笑著主動打招呼：「您好！需要我幫忙嗎？」這時注意與顧客的距離不要太近，距離保持 3 公尺為佳。當顧客需要提供產品使用、特點、品質等方面的資訊時，無論員工手裡有多少工作，工作有多忙，都應停止手中的工作為顧客進行解答，並指引顧客至其需購買商品所在的位置。因為「顧客就是上帝」，賣場的一切活動都是為了把商品賣給顧客，從中賺取利潤，只有把顧客服務好了，才會實現商品的買賣。

當顧客找不到自己想要的商品時，賣場裡的任何一位員工都應主動帶領顧客到商品所在區域，並請那個部門的業務人員服務顧客。

如果顧客找不到所買商品，尋求員工幫助的時候，員工正服務另一位顧客，則應該向被服務的顧客解釋：「對不起，請稍候，我回答一下那名顧客，馬上回來。」然後將需要幫助的顧客帶到主通道，指出顧客購買商品所在的位置。如果顧客想要的商品在員工自己工作的部門，除帶領顧客找到商品外，還

不願管「分外事」的業務人員留不住顧客

要為顧客講解和挑選商品。在這個過程中,注意也要因顧客而異。有的顧客喜歡自己挑選商品,不喜歡被業務人員打擾,這個時候業務人員最好靜靜地站在一旁。而對於總四處觀望、急需幫助的顧客,賣場工作人員就要主動為之服務。

如果顧客想要的商品在員工所工作的部門,而員工暫時也找不到這件商品時應向顧客解釋:「對不起,耽誤您的時間,我需要尋找一下商品。」

當顧客問的問題自己解答不了時,不應回絕顧客,而應請求同事協助解答。總之,賣場和賣場購物服務中沒有「分外的事」。顧客在賣場中提出的疑問是每個工作人員需要為之解決的。

業務人員或其他工作人員可以按照以下模板靈活應對顧客:

顧客在 xx 貨區來回轉著找商品。

業務人員 A:「您好!需要我幫忙嗎?」

顧客:「是的,我找不到 xx 了,是 xx 品牌的。」

業務人員 A:「好的,您稍等一下,我叫一下負責這幾個專區的同事。」

不一會兒,業務人員 B 微笑著走來,說:「不好意思,讓您久等了。剛才我們在補貨,所以沒有在專區旁為您服務。」

顧客:「沒關係,你幫我找一下 xx 品牌的 xx 吧。」

第九章　遠離銷售「禁區」
——別讓低 EQ 害了你

業務人員 B：「好的，這個品牌的 xx 最近賣得很好，我們現在正在忙著補貨，可能專區展示臺上沒有了。耽誤您片刻，我需要尋找一下。」

不一會兒，業務人員 B 拿著商品走過來：「給您。這是您要的 xx 品牌的 xx，在倉庫裡幫您找到的。您放心，我們馬上就把貨全補上。」顧客拿了商品，滿意地離開。

■ 質疑顧客的話絕不能輕易說出口

在這個世界上，沒有人願意自己被別人懷疑，更何況在銷售過程中，業務人員應該給予顧客更多的信任，懷疑顧客的話絕不能輕易說出口。

雲雲去買了一雙鞋，在現場穿時雖然覺得有點不舒服，但業務人員信誓旦旦跟他說，這雙鞋會記憶腳形，只要穿過一段時間後就會很好穿。雲雲半信半疑，業務人員就讓他先在室內穿幾個小時，如果還是覺得不行，只要鞋底沒有磨損，就可以拿回去換。

雲雲照他說的去做，真的在室內穿上鞋走了半個小時，但不舒服感卻越來越重，當天還是決定拿回去換了。

可是業務人員把鞋子拿起來檢查時，卻皺著眉告訴他：「先生，不是我不讓你退，而是你明明已經把鞋子穿到外面去過了，你看，鞋底有點黑了。」

雲雲聽了心裡很不高興，直接告訴他：「我真的沒有穿出

去，我只是照你說的方法在家裡穿了半個小時，大概是家裡地板有點髒才會弄黑的，而且，你不是說只要沒有磨損就可以換嗎？」

但業務人員還是一臉不相信，硬說雲雲一定穿到外面了，雲雲越解釋越生氣，最後還是店經理出來替他退了鞋子，才避免了一場紛爭。

雲雲說，在當時，退不退鞋子已經是其次，他只是很不高興那個業務人員那樣懷疑他，好像他故意要去占鞋店的便宜一樣。

誰都知道，沒有人喜歡被誤會或誣衊，萬一你的懷疑到最後證明只是空穴來風，相信顧客再也不會想和你有任何來往。從另一個角度看，就算你的懷疑被證明是真的，顧客頂多這次認栽，卻絕對會惱羞成怒，最後不和你繼續交易往來。因此，不管哪種情況，對業務人員來說都不是最好的。

懷疑顧客的言論最好不要隨便說出口，即使真的是顧客的錯，在情況許可下，不妨睜一隻眼閉一隻眼，為未來留一點機會。

■ 你的眼神和動作代表了你的心

隨著人們生活節奏的加快，業務人員在與顧客見面的時候，顧客往往沒有太多時間來了解業務人員本身是一個什麼

第九章　遠離銷售「禁區」
—別讓低 EQ 害了你

樣的人，所產生的感覺和認知都是透過短暫的接觸來確定的，所以能夠用眼神和手勢打動顧客就顯得極其重要。

對於業務人員而言，將和善的表情展示給顧客，實際上是對顧客做了一個心理的暗示，這種暗示能緩解緊張陌生的氣氛，拉近彼此的距離。就像有人所說：「形象如同天氣一樣，無論是好是壞，別人都能注意到，但卻沒有人告訴你。」同樣，業務人員的這種友善的態度，也會得到顧客的同等反應。

在銷售過程中，業務人員是透過自己的言行來傳遞資訊的，如果傳遞出的是錯誤的資訊，也會無意中對顧客產生錯誤的暗示，這樣，就會影響銷售效果，如果注意不到，往往犯了錯誤還不自知。經驗豐富的業務人員都知道，如果在銷售中採用雙手抱胸的姿勢，不論是站著還是坐著，都會對顧客產生一個心理暗示，那就是你不相信別人，是在告訴對方，你有不服氣的心理。同時，這個姿勢對業務人員自身也有一個心理作用，如果長時期習慣於這個姿勢，不僅猜疑心會加重，同時也會使自己養成過於固執己見的毛病。更主要的是，這樣的肢體語言還會導致緊張的人際關係。一般來說，經常不自覺地雙手抱胸，很容易在人群中被排斥，同時也能使銷售能力受到限制。

除了手勢，眼神也很重要，一個眼神有時候可以決定一場銷售的成敗。有這樣的人，他們在做銷售的時候，往往不

是從正面看對方，而是由下向上看，而且眼睛是向上吊著看。這種眼神會對顧客形成心理暗示，那就是表明你對顧客有所懷疑並且鄙視，這樣會讓對方的心裡感到很不舒服。而相反，如果正視對方的目光，就會產生另一種完全不同的心理暗示效果，它表示信心堅定而且態度誠懇，能幫助業務人員取得較好的銷售結果。

還有的業務人員習慣於在面對顧客交談時，蹺著二郎腿，這也是很不好的一個習慣。這種行為傳遞給顧客的一個心理暗示就是對方態度很傲慢，而且生活習慣不端正。從行為學的角度來看，坐著時蹺著二郎腿雖然代表自信與專業，但是過度的自信容易變成自誇，說起話來容易誇大其詞，不切實際，很難取信於人，更不用說提高銷售率了。

還有的業務人員總是習慣於單手或雙手托腮，這也是很不好的行為習慣，因為托著下巴聽別人說話的姿勢不僅不雅觀，同時也暗示對方你很疲憊而且不耐煩，同時，還會顯示出你的個性是軟弱的並且做事是猶豫不決的。

總之，一個眼神，一個動作，都是業務人員與顧客溝通的重要工具。所表現出來的一言一行，都會對顧客產生不同的暗示作用。因此，在與顧客溝通過程中，如果能夠運用好一言一行，對顧客進行積極的心理暗示，就會提高工作效率，並且讓銷售業績得以提升。

第九章　遠離銷售「禁區」
——別讓低 EQ 害了你

■ 當面反駁顧客異議不會有好結果

　　當顧客提出異議時，業務人員要想辦法轉變顧客的觀念，但又不惹怒顧客。

　　李大姐在一家百貨公司買了一件紅色外套，但是那件外套褪色，把她的襯衫領子都弄成紅色的了。李大姐拿著外套就去找那位業務人員，而那位業務人員卻說：「這種外套我們已經賣出去幾百件了，頭一次聽到有人來提意見的。」業務人員咄咄逼人的口氣讓李大姐非常生氣，於是便與業務人員爭論起來。就在爭吵達到白熱化時，另一名業務人員插嘴說：「凡是紅色的外套在一開始都會褪點顏色，這是沒有辦法的事情，問題不在於這種價格的外套，而在於染料。」這位業務人員似乎在暗示李大姐，她買的只是次等貨。

　　就在這時，業務經理走了過來，他在了解了事情的原委之後，便站在李大姐的立場上表示非常理解她的心情。

　　經理問：「這是我們的服務沒有到位，您想要我們怎麼處理這件外套呢？我一定盡力滿足您的要求。」

　　在幾分鐘前還鐵了心要退貨的李大姐卻回答道：「我只是想聽聽您的意見，褪色是不是暫時的，是否有什麼補救的辦法？」

　　這時那位經理和顏悅色地說：「那您再試穿三天，如果到那個時候還不能令您滿意，您就把它拿回來，我們一定給您換一件滿意的，對於給您帶來的不便，我們感到非常抱歉。」

李大姐走出百貨公司時，原來的怨氣已經煙消雲散了，三天後那件外套也並沒出現什麼問題。

從上述場景中可以看出，這位業務經理堪稱業務高手。他的做法告訴我們：適時地換位思考，向顧客承認自己的錯，能獲得很大的好處；相反，當面反駁顧客的異議，一味爭辯，只會使事情更糟糕。

從事業務工作，就必須學會與他人和諧相處，因為業務是一個不斷與人打交道的行業。如果一個業務人員經常像一隻好鬥的公雞一樣，那麼就只能單獨工作，無法和他人合作，更不用說得到顧客的青睞了。

在銷售中，業務人員要為各式各樣的顧客提供產品和服務，有些顧客和善，但有些顧客就很不通情達理，甚至非常粗魯。不管顧客的態度怎樣，他始終是「上帝」，和上帝叫板是不會有好果子吃的。因為不管是誰，當自己的意見被別人直接反駁時，內心總會不痛快，甚至會被激怒。因此，業務人員要永遠保持冷靜的頭腦和應有的禮貌，即使沒有成交也要有耐心。如果你的表現能夠令人開心，那麼雙方就會很容易交流，顧客的抗拒心理也就會降到最低，有利於實現成交。

作為業務人員，必須有良好的心理素養，不管在任何條件下，都要尊重顧客，不當面反駁顧客的異議，不與顧客進

第九章　遠離銷售「禁區」
　　　　—別讓低 EQ 害了你

行正面交鋒。只有這樣，才不會對顧客的自尊心造成傷害。如若不然，失敗的永遠是業務人員自己。

■ 切勿以貌取人，不尊重顧客

　　有些顧客穿著、相貌不出眾，但是是有一定購買能力的，業務人員如果總是以貌取人，勢必會有後悔的一天。

　　一天，房地產業務人員小王和小李正在一棟大房子裡等顧客上門。不一會兒，一輛破舊的車子駛進了房子前的車道上，一對衣著普通的夫婦從車裡下來。在小李對他們的到來表示出很大熱情的時候，小王卻不屑一顧：「別在他們身上浪費時間，看看他們的樣子能像有錢人？他們能買得起這麼好的房子？說什麼我都不信！」

　　小李說：「我不會對我的顧客不禮貌的。」於是他帶這對夫婦開始參觀這棟房子？小王站在一邊不加理睬。

　　這對夫婦看過這棟房子之後，非常高興地說：「這就是我們想要的房子。」他們和小李回到客廳，對小李說：「我們是否可以談一下買房手續的問題？」

　　丈夫讓妻子拿出銀行卡，並對小李說：「其實我們本身是買不起這棟房子的，原來想買一個小一點的都買不起，很多業務人員都不願意理睬我們。後來我們中了一筆大獎，於是就想買一個大房子。其實我看過了很多類似的房子，都很好，只不過那些業務人員都看不起我們，所以我們也不會在

他們那裡買房子的,但是今天遇到了你,你不僅沒有看不起我們,還熱情相待,我們決定,買下這間房子,並全額付款。」

小王在旁邊聽了這對顧客的話,目瞪口呆,後悔不已,本來自己可以拿到的業績就這樣被別人取走了。

從上述場景中可以看出,小王沒能像小李那樣拿下訂單,就是因為他不能夠像小李那樣對顧客以誠相待,而是以貌取人,有勢力之心。

其實,除了產品要有好的品牌和品質之外,銷售最重要的是要有對顧客的誠心。優秀的業務人員會善待每一位顧客,即使顧客沒有購買,也會有利於產品品牌的傳播。業務人員如果能夠耐心細緻地向顧客介紹產品,讓顧客高興而來,滿意而歸,用熱心、誠心和耐心去對待顧客,就會在顧客的心中留下一份信任、一份美好的回憶,顧客也就會喜歡到你這裡購買產品,並忠誠於你,從而幫助你達到銷售的目的,實現成交。

優秀的業務人員應該對每位顧客都有熱情,無論是一個普通工人,還是企業的大老闆,都能夠一樣被尊重。因為訂單往往會從出其不意的地方而來,所以在銷售過程中,業務人員不要對任何人先下判斷,不要以貌取人。

第九章　遠離銷售「禁區」
──別讓低 EQ 害了你

■ 不說不該說的話

在顧客明確表示希望成交的關鍵時刻，業務人員要謹慎為上，避免過多的話語，導致交易失敗。

業務人員：「看到我們的液晶電視了吧？」

顧客：「哇，真漂亮。」

業務人員：「才 25,000 元。」

顧客：「我能買到一臺黑色的嗎？」

業務人員：「當然，黑的、白的、銀白的和銀灰的都有。」

顧客：「好，我今天有現金。黑色的你有現貨嗎？我能不能今晚就買回家？」

業務人員：「當然，現在我們這裡就有一臺。下週我們還有幾臺黑色的要到貨。」

顧客：「真的？也許我還應等一等，看了那幾臺再說。」

業務人員：「不必了，它們全都一樣。」

顧客：「可是，現在這臺也許表面有劃痕或還有什麼毛病。」

業務人員：「絕不可能，一點問題都沒有。」

顧客：「嗯。」

業務人員：「那我這就過來跟你簽合約吧。」

顧客：「我還沒有拿定主意。我想先看看那幾臺再說。」

業務人員:「可是這一臺一點問題都沒有,你可以親眼看看嘛。」

顧客:「是啊,不過我還得考慮考慮。我有事得先走了,下週我再來看看吧。」

在成交最後的關鍵時刻,業務人員的話至關重要,它可以使顧客堅定最後的決心,促進成交,也可以使顧客動搖購買的決心,放棄交易。上述案例中的業務人員就犯了一個致命的錯誤,不該在最後時多說了一句「下週我們還有幾臺黑色的要到貨」,這句話讓顧客萌生了等一等能有更多選擇的念頭,從而放棄當場交易,這一放棄很可能導致交易的流失。讓即將到手的業績眼睜睜地失去,對業務人員來說,是一個很大的打擊。

在顧客發出成交訊號時,業務人員要注意下面幾種情況:

◆ 有些問題別直接回答

假設,當你正在對產品進行解說時,一位顧客發問:「這種產品的售價是多少?」

A. 直接回答:「150元。」

B. 反問:「您真的想要買嗎?」

C. 不正面回答價格問題,而是向顧客提出:「您要多少?」

第九章　遠離銷售「禁區」
　　　　—別讓低 EQ 害了你

　　如果你用第一種方法回答，顧客的反應很可能是：「讓我再考慮考慮。」如果以第二種方式回答，顧客的反應往往是：「不，我隨便問問。」

◆ 有些問題別直接問

　　顧客常常有這樣的心理：「輕易改變主意，顯得自己很沒主見！」所以，要注意給顧客一個「臺階」。你不要生硬地問顧客這樣的問題：「您下定決心了嗎？」、「您是買還是不買？」

　　儘管顧客已經覺得這商品值得一買，但你如果這麼一問，出於自我保護，他很有可能一下子又退回到原來的立場上去了。

◆ 該沉默時就沉默

　　「你是喜歡甲產品，還是喜歡乙產品？」問完這句話，你就應該靜靜地坐在那裡，不要再說話 —— 保持沉默。

　　你不要急著打破沉默，因為顧客正在思考和做決定，打斷他們的思路是不合適的。如果你先開口的話，那你就有失去交易的危險。所以，在顧客開口之前一定要保持沉默。

■ 業務人員不宜使用哪幾種眼神

◆ 盯視

如果我們在與顧客交流的過程中死死地盯著他看,特別是盯著他的眼睛,不管我們是有意還是無意,都是一種不禮貌的表現,會令顧客感到不舒服,從而對我們產生一種不好的印象。有人證明,「思覺失調症」患者中(其中許多是妄想症)「眼睛追蹤」就是非常少的。其外表特徵是,他們的眼球運動尤為稀少,所以,他們常常看上去是目不轉睛的樣子。所以我們在與顧客的正常交流中,應該注意自己的眼神,如果我們有這樣盯視他人的習慣,就很容易讓人覺得我們的精神不正常,自然就會在與我們的交流中加強防備,這樣我們的目的就很難達到了。

◆ 瞇視

這一直被認為是一種不太友好的身體語言,它給人傲慢的感覺。「瞇視」,對於漂亮女性,常常傳遞著一種「色瞇瞇」的訊號,在日常生活中,我們應該減少這種眼神的使用頻率,以保證自己的形象良好。

◆ 迴避

如果在我們的眼神中表現出一種有意或者無意的迴避,或者刻意地去迴避顧客的眼光,或眼睛瞟來瞟去,會讓顧客

第九章　遠離銷售「禁區」
　　　　—別讓低 EQ 害了你

覺得我們很不專心、心虛,從而對我們產生不信任的感覺。既然我們做人做事都是光明磊落的,就應該毫不避諱地迎接任何目光,這樣不但可以增強自己的信心,也會給人一種震懾力,從而使我們想要做的事情盡快達成。

◆ 四處漫遊

　　這樣的目光是一種非常明顯的沒有主見的眼神,也表示出一種猶豫、舉棋不定的思想狀態。

第十章
咦?這樣也能成功簽單
——高 EQ 業務員的「非常手段」

第十章 咦？這樣也能成功簽單
——高 EQ 業務員的「非常手段」

■ 向顧客求教，不是銷售勝似銷售

在銷售中，當業務人員還不了解顧客的真正需求時，不妨主動成為學生，多向顧客請教。

阿達：「陳總，我已經拜訪您很多次了，可以說您已經非常了解本公司汽車的效能，也滿意本公司的售後服務，而且汽車的價格也非常合理。陳總是業務界的前輩，我在您面前推銷東西實在壓力很大。我今天來，不是向您推銷汽車的，而是請陳總本著愛護晚輩的胸懷指點一下，我哪些地方做得不好，讓我能在日後的工作中加以改善。」

陳總：「你做得很不錯，人也很勤快，對汽車的效能了解得也非常清楚，看你這麼誠懇，我就跟你透個口風：這一次我們要替公司的 10 位經理換車，當然所換的車一定比他們現在的車子要更高級一些，以激勵他們的士氣，但價錢不能比現在的貴，否則短期內我寧可不換。」

阿達：「陳總，您不愧是一位好老闆，購車也以激勵士氣為出發點，今天真是又學到了新的東西。陳總，我給您推薦的車是由德國裝配直接進口的，成本偏高，但是我們公司月底將進口成本較低的同級車，如果陳總一次購買 10 部，我一定能說服公司盡可能地達到您的預算目標。」

陳總：「喔！貴公司如果有這種車，倒替我解決了換車的難題了！」月底，陳總與阿達簽署了購車合約。

在故事中我們可以看到，阿達之所以久攻不下，原因就在於他沒有了解顧客的真正需求是什麼。當他自己意識到這個問題後，改變了一貫採用的策略，轉而使用情感武器，即放低姿態，把顧客稱為「業務界的前輩」，說「在您面前推銷東西實在壓力很大」，繼而向顧客請教：「我今天來，不是向您推銷汽車的，而是請陳總本著愛護晚輩的胸懷指點一下，我哪些地方做得不好，讓我能在日後的工作中加以改善。」

當阿達以請教的姿態要求陳總給予指點後，陳總的態度發生了很大改變，由此，阿達才真正了解了顧客想要什麼樣的車，於是根據顧客的要求推薦本公司的車，顧客也有了一個明朗的態度，並最終購買了阿達公司的車。人心隔肚皮，很多時候我們都很難搞清楚顧客在想什麼，需要的是什麼。遇到這種難題的時候，我們只能想辦法從顧客那裡進行探尋。其中，最好的、最容易被顧客接受的方式就是向顧客求教。出於好為人師的心理，顧客大都會滿足我們的解惑需求和銷售需求。

■ 用「飢餓行銷」刺激叛逆型顧客的需求

在日常生活中，反抗心理幾乎是每個人都有的，差別只在於反抗程度的不同。在銷售過程中，大多數業務人員對顧客的反抗心理都不陌生，即業務人員越是苦口婆心地推薦產

第十章　咦？這樣也能成功簽單
——高 EQ 業務員的「非常手段」

品，顧客就越會拒絕，業務人員想要賣掉產品的欲望越強，顧客的反抗心理就越強。

某家電業務公司的業務人員小邵，負責 A、B 兩個系列瓦斯爐的市場推廣。一天，有個顧客前來諮詢瓦斯爐情況，並想試試不同款式的瓦斯爐效能。而這時庫房裡面恰巧沒有 A 系列的瓦斯爐了，在引導顧客進行產品試用的時候，他向顧客解釋說：「B 系列的瓦斯爐您可以試用一下，但是 A 系列的瓦斯爐在前兩天已經賣完了，所以倉庫裡面沒有貨了，所以如果您要選擇的話，可能就剩下 B 系列的瓦斯爐了。」

這樣說過之後，在這位顧客的心裡會產生這樣一種想法，那就是「既然 A 系列的瓦斯爐已經賣完了，就說明 A、B 兩個系列的瓦斯爐相比，A 系列比較好一些」。有了這樣的心理，在看過 B 系列的瓦斯爐之後，顧客更加覺得 A 系列的瓦斯爐好，但是既然已經沒有貨了，只能怪自己來得太晚了，於是顧客帶著幾分遺憾離開了。

過了兩天，業務人員小邵主動打電話給前兩天來看瓦斯爐的顧客，並興高采烈地告訴他一個好消息：「您現在可以買 A 系列的瓦斯爐了，因為今天廠商終於又送來了一批這個系列的瓦斯爐，當時我發現您好像更喜歡這個系列的瓦斯爐，於是就通知您一下，您看您還需要購買嗎？」

顧客聽到這樣的消息，十分高興，有一種失而復得的感覺。既然機會來了，一定要把握住，於是他迅速地與業務人員小邵完成了這次交易。

用「飢餓行銷」刺激叛逆型顧客的需求

上述場景中的消費者是一位叛逆型顧客，由於 A 產品缺貨，這位消費者就認為是因為 A 產品賣得好才缺貨的，所以無形之中就認為 B 產品一定不是好貨，因此拒絕購買 B 產品。業務人員小邵也十分聰明，他深知，只要 A 產品來貨且顧客還沒有購買的話，那麼這位顧客一定會繼續購買 A 產品的，於是一個簡單的電話，就促成了一樁生意。

想一想，作為消費者，當有人向我們強行推銷某種商品的時候，我們會不會很反感，第一反應便是拒絕？作為業務人員，當我們向顧客推銷的時候，怎麼說他們都不買，而有時候我們決定不賣的時候，他們反而追著要買？這種情況時有發生，到底為什麼？

這就是反抗心理在發揮作用。人們不會拒絕自己去改變，但大多數情況下一定會拒絕被別人改變。

一般情況下，人們做任何事情都會有自己最初的理解和想法，也會自己透過分析、判斷做出決定和選擇，在這個過程中一切都是自主的，因為沒有人會希望受到別人的指使或限制。所以，當有人想要改變一個人的想法、決定或要把他的意念強加給這個人的時候，就會引起此人強烈的反抗心理，在這種心理的促使下，他會採取相反的態度或者言行，以保證自我的安全及維護自己的自尊。在心理學中，反抗心理是人們的一種自我保護，是為了避免自己受到不確定因素的威脅而樹立的一種防範意識。

第十章　咦？這樣也能成功簽單
──高 EQ 業務員的「非常手段」

例如：在實際銷售中，有很多業務人員為了盡快簽單，往往採取窮追猛打的策略，一味地介紹產品，勸導顧客購買，以為透過密集轟炸就可以搞定顧客，卻不知道這恰恰會產生相反的效果，使顧客產生反抗心理，打定主意不購買。我們知道，在與業務人員接觸的時候，顧客常常懷有戒備之心，如果此時只是一味強調己方產品如何好、如何實用等資訊，顧客反而會更加警惕，因為害怕受騙而拒絕接受。

相反，當顧客的興趣點或心理需求得不到滿足的時候，反而會更加刺激他強烈的需求及想要得到的欲望。越是得不到的東西，人們往往越想得到；越是不能接觸的東西，人們反而越想接觸；越是保密不讓知道的事情，人們也會越想知道。

業務人員應緊緊抓住反抗心理強烈的顧客這一鮮明的心理特徵，根據實際情況對自己的銷售策略及溝通方式做一些調整，利用顧客的反抗心理達到銷售的目的。

在具體銷售過程中，顧客的反抗心理一般有以下幾種表現形式：

- 反駁。這是在顧客身上最常見的反抗心理表現。顧客往往會故意針對業務人員的說辭提出反對意見，讓業務人員知難而退。

- 不發表意見。這種反抗表現更難以應付，因為在業務人員苦口婆心地介紹和說服的過程中，顧客始終保持緘默，態度也很冷淡，不發表任何意見，業務人員也就無從反駁或引導顧客。
- 高人一等的作風。不管業務人員說什麼，顧客都會以一句「我知道」來應對，意思是說，我什麼都知道，你不用再介紹了。這樣的顧客往往會給業務人員帶來很大的壓力。
- 斷然拒絕。在業務人員向顧客推薦時，有些顧客會堅決地說：「這件商品不適合我，我不喜歡，讓我自己先看看。」

優秀的業務人員會第一時間察覺顧客的反抗心理，從而不著痕跡地結束自己滔滔不絕的介紹，改變銷售策略，從照顧顧客的感受開始，讓顧客的心理得到放鬆，從而增加銷售成功的機率。

一個有創意的開場白絕對有用

當業務人員向顧客推銷商品時，顧客本能地會產生戒備排斥的心理，因此一個有創意的開頭十分重要。好的開場白能成功打破顧客的戒備心理，打造店鋪親切感，拉近業務人

第十章　咦？這樣也能成功簽單
　　　　——高 EQ 業務員的「非常手段」

員與顧客之間的距離，為下一步的推銷工作開一個好頭，因此，設計好開場白十分重要。

好的開場白不僅會給顧客留下深刻的印象，而且還能為下一步工作打下良好的基礎，從而使溝通的成功率大大提高。經營者本身和業務人員都應該學習怎樣設計好的開場白，它不僅能促進與顧客的溝通，甚至可以決定下面的工作是否能夠順利進行下去。很多業務人員與顧客的溝通，大都在開場白階段就以失敗告終。失敗的原因可以從兩個方面來解釋：一個方面可能是顧客根本就沒有這方面的需求——這不是在開場白中就能為顧客製造出來的；另一個方面就在於業務人員失敗的開場白。

業務人員 A：「您好，我是 xx 電腦公司的業務人員，有什麼可以為您服務的嗎？」

顧客：「你好，我想了解一下伺服器方面的產品。」

業務人員 A：「大概是做什麼用途的伺服器？」

顧客：「稅務系統維護。」

業務人員 A：「我這是第一次與稅務局的人打交道，感覺到很自豪。」

顧客：「很自豪？為什麼？」

業務人員 A：「因為我們店每個月都繳幾十萬元的營業稅，這幾年加在一起有幾千萬了吧。雖然我們比不上那些大公司，但是繳的所得稅也不比他們少。今天能夠為您服務，

就有了不同的感覺。」

顧客：「噢，這麼多。你們收入一定很高，你們一般每年繳多少？」

業務人員 A：「根據銷售業績而定，生意好的時候年薪能夠達到百萬，這樣就要繳一二十萬元的所得稅。」

顧客：「如果每個人都像你們這樣繳稅，我們的稅收任務早就完成了。」

業務人員 A：「對呀。您要採購國稅伺服器的話，我想多加了解一下這方面的情況。我們公司是全球主要的個人電腦供應商之一，我們的經營模式能夠為顧客帶來全新的體驗，我們希望能成為貴局的長期合作夥伴，能不能再詳細談談具體要求？」

顧客：「好吧。」

在與顧客面談時，不應只是簡單地向顧客介紹產品，如果能先與顧客建立良好的關係，再介紹產品就簡單輕鬆多了。因此，一個好的開場白，對每個業務人員來說無疑是推銷成功的憑證。這個案例就是以精采的開場白獲得顧客好感的經典實戰案例。

在這個案例中，某個國稅局的伺服器採購，對於電腦公司來說無疑是個大專案。如何能讓顧客更青睞自己公司，顯然不是倒背如流地介紹產品就可以了，案例中的業務人員 A 深知開場白的重要性，他開口便說：「我這是第一次與稅務

第十章　咦？這樣也能成功簽單
──高 EQ 業務員的「非常手段」

局的人打交道，感覺到很自豪。」這句話直接刺激到顧客的思維，感覺雙方的距離一下子就拉近了，陌生感也消除了很多。顧客在這種心理的作用下，詢問員工 A 自豪的原因，這樣就從與稅務局的人打交道過渡到個人所得稅，最後非常自然地切入主題──國稅伺服器採購的專案。由於顧客已經對店鋪有了一定的親切感，所以雙方下面的談話進行得很順利。

由此可見，開場白的好與壞，在相當程度上決定了一次推銷的成功與否。因此，在與顧客打交道的過程中，一定要設計一個好的開場白，這樣可以在短時間內拉近雙方的距離，打造出店鋪的親切感，給顧客留下好的印象，為成交打好基礎。

■ 不迴避產品缺陷可能會有意想不到的效果

業務人員要有出色的口才表達能力，但並不代表他們要去誇大或歪曲事實，把醜的說成美的，把白的說成黑的。業務人員一定要用事實說話。大部分業務人員雖然沒有欺騙顧客，但是他們一般都會刻意迴避產品的缺點。其實，坦率地說出產品的缺點，既做到了實話實說，又達到了宣傳產品的目的。有時候，如果業務人員能誠懇地說出自己產品的缺點，可能會收到意想不到的效果。

任何產品都存在一些缺陷，這些缺陷對你的銷售存在著諸多不利的因素，多數時候，它甚至是你銷售失敗的罪魁禍首。其實，當你在銷售一件產品的時候，如果能很好地利用這些不利因素，你就能把失敗轉化為成功。

　　在銷售的過程中，如果業務人員忽略了商品的缺陷，那只會讓工作更加艱難。因此，不要迴避產品的缺陷，因為這是一種欺騙行為，也許顧客已經知道這個缺陷，但你在介紹的時候並沒有明說，對方會認為你在有意隱瞞，勢必導致你的信譽喪失。

　　所以，在顧客對你提出任何問題之前，你要對每一個不利點做好心理準備，將缺點當著顧客的面提出，讓顧客的頭腦中形成一個準確的認知，從而將缺點轉化為優點。

■ 試著向謹慎型顧客講個故事

　　很多時候，在面對挑剔、謹慎型顧客的時候，業務人員不要採用常規的方法一味去正面解釋公司的規章制度，而應該透過為顧客講述其他顧客的故事、業務人員自身的經歷等，來向顧客傳遞自己公司的優質服務理念和保密制度，讓顧客感受到自己的利益將會受到保護。

　　業務人員：「這位女士，非常感謝您選擇我們的 XX 牌吸塵器，為了更好地為您服務，請您填寫以下個人資訊，成

第十章　咦？這樣也能成功簽單
　　　　—高 EQ 業務員的「非常手段」

為我們公司的會員吧！這樣還可以延長一年吸塵器保固時間。」

顧客：「哦！這倒不錯。可是你們不會把我的個人資訊洩漏出去吧？上一次就有一個保險公司打電話給我，讓我去參加抽獎活動，我根本不認識這家公司。我也不知道我的手機號碼是不是被外流了。」

業務人員：「請放心，女士，您的個資我們公司是絕對保密的，這只是方便我們更好地開展售後服務。有些公司會自己去組合一些號碼進行撥打，甚至去盲打，只要能撥通就開始推銷一些產品。」

顧客：「可是有時候他們連我的姓名和家庭住址都知道！真不知道他們是怎麼得到的。」

業務人員：「您平時有沒有留過聯絡電話和姓名、住址等給別人啊？」

顧客（想了想，猶豫地說）：「嗯，似乎沒有。」

業務人員：「女士，我之前也曾接到過保險公司打來的電話，向我推銷保險，我一接電話他就稱呼我的姓，我當時也覺得奇怪，我沒有買過保險，也沒有留過電話給他們，為什麼他們會知道我的資料。後來和這個保險業務員熟了，他才告訴我，他是從網路上一些網友留下的聯絡方式查到的。」

顧客：「原來是這樣，那沒有什麼了，售後服務表單填好了，謝謝！」

試著向謹慎型顧客講個故事

上述場景中的顧客行事很謹慎，也很多疑，面對工作人員讓她填寫售後服務表單，她心存疑慮，生怕公司洩漏她的個人資訊，並以保險公司打電話指名道姓地找她為例，來質疑公司的使用者資訊保密性，而工作人員為了打消顧客的疑慮，並沒有一味地強調公司的保密制度有多好，而是透過自己經歷的一些事情來說明情況，從而讓顧客放心填寫售後資料表單。

在銷售過程中，業務人員在強調公司優質服務的時候有許多種常規的方法，無非是展示笑臉、設備、技術、態度等。但是，所有這些展示都停留在描述上，是抽象的，而講故事傳遞的東西就多得多。人們對講故事這種形式並沒有特別的防範，他們會在故事中感知業務人員意圖傳遞的資訊，從而感性地購買了產品。

由於現代資訊社會的資訊保安面臨諸多挑戰，很多顧客都對各種商場的顧客資訊保密制度持懷疑態度，作為業務人員，如果只是強調所在公司不會透露顧客的個資，或只向顧客保證不會這樣做，這樣的解釋說服力不強，顧客也會難以接受，適當地用一些有說服力的案例，會讓顧客更加心服。遇到類似的情況時，能適當應用平常生活中的例項去向顧客解釋，相信會讓顧客更容易接受和理解。

第十章　咦？這樣也能成功簽單
　　　──高 EQ 業務員的「非常手段」

■ 透露價值的冰山一角激發顧客好奇心

業務人員：「李總，我是致遠公司的小劉，您最近來信詢問 AH 型產品，我很高興能為您介紹我們的產品，希望對您的公司將有所幫助。請問您現在方便談話嗎？」

顧客：「可以，你就說吧。」

業務人員：「李總，能否先請您告訴我，現在貴公司 AD 型產品情形如何，還有您為什麼想要了解我們的產品？」

顧客：「我們讓員工自己操作 AD 型機器，老是搞得一團糟，許多機器都損壞了，所以我想了解一下 AH 型產品……」

業務人員：「李總，我們絕對可以讓貴公司所有員工都感到滿意，而且提供安裝維修服務。不過，我可不可以提個建議？」

顧客：「當然。」

業務人員：「如果您方便的話，我親自去拜訪，跟您詳細解說。您可以對我們公司和我們的產品有更清楚的了解，這在電話裡不容易說清楚。您覺得這樣可以嗎？如果可以的話，我等一下就過去拜訪，或是明天，您看什麼時候方便呢？」

顧客：「我看明天下午 3 點好了。」

業務人員以透露出產品價值的冰山一角的方式，激發顧客的好奇心，吸引顧客的注意力，讓顧客感到這一產品有助

於改變現在的糟糕狀態。業務人員也因此獲得了進一步溝通了解的機會。

不少業務人員花費大量的時間來滿足顧客的好奇心,卻很少想過要努力激起顧客的好奇心。他們總是不厭其煩地向顧客反覆陳述產品的特徵以及能給顧客帶來的利益,而忽略了引起顧客好奇心的一個重要方式就是顯露產品價值的冰山一角。

■ 用誤聽試探成交法破解銷售膠著狀態

在銷售進入膠著狀態時,業務人員應動動腦筋,找尋一個能夠對顧客造成誤導的關鍵點,圍繞這一關鍵點運用誤聽試探法。

業務人員:「喂,您好。劉經理嗎?我是遠方經貿有限公司的李小靜,上星期一我到你們廠裡來過,您還記得我吧?」

顧客:「噢,李小姐啊,妳不就是那個遠方公司做廣告的嗎?」

業務人員:「劉經理記性可真好。我們這個雜誌廣告是面對全國大建築公司免費贈送的,反應相當好,透過我們的牽線搭橋,不少公司都取得了明顯效益。而且據我們調查,你們公司新開發的幾種石材,市場反應也好,應該大力推廣。」

第十章　咦？這樣也能成功簽單
　　　　—高 EQ 業務員的「非常手段」

　　顧客:「哎呀,李小姐,我們在晚報和一些全國性的大報上都做了一些廣告,但是效果都不太好。所以我們不打算做廣告了,還是按照舊的銷售套路走。」

　　業務人員:「你說的也對,花錢沒有效益,誰也不願意再做。但我想主要原因是,晚報是針對大眾的,不夠專業,而我們這個雜誌是免費贈送給專業人士和公司閱讀的,一般來說,大的買賣還是與這些專業建築隊成交的,是吧?」(誘導拍板人說出肯定的回答,同時也是誘導他對回答做出解釋,以伺機採用誤聽試探法)

　　顧客:「對,這方面我們有一定的老顧客。老顧客對於我們這14種石材反應都相當好。」

　　業務人員:「噢,你們主要是針對這4種石材進行推廣。」(第一次採用誤聽試探)

　　顧客:「不,是14種。」(通常在我們用誤聽試探法時,拍板人會對我們的錯誤加以糾正。我們可以利用這個糾正,認同對方欲做出購買決定)

　　業務人員:「噢,那您就要準備14張石材照片,和一些相關的文字數據說明,兩小時之後我來取。」(用認同購買的技巧促使成交)

　　顧客:「好的。」

　　業務人員:「那好,不耽誤您的時間了,兩小時後見。」

　　在銷售過程中,業務人員總是認認真真地按既定的方法步驟對顧客進行銷售。有些時候,這些辦法是收效甚微的,

這時候不妨採用誤聽試探法，它能有效地促進成交。案例中的業務人員就是利用誤聽試探法做成了交易。

在銷售中，業務人員可以適當運用這種方法，給顧客來個小小的誤導。

■ 用試錯大法各個擊破顧客的疑點

顧客似乎在考慮要不要買，卻一直猶豫不決。業務人員應該怎樣做呢？

場景一：「您還猶豫什麼呢？這款最適合您了。」

場景二：「我幫您結帳啦，您是刷卡還是付現？」

場景三：業務人員從頭到尾再介紹一遍賣點。

第一個場景中顧客猶豫是因為面臨著購買大件物品時的心理壓力，如不能針對顧客的買點加以分析而一味打氣，會使顧客覺得自己得不到理解，從而對業務人員產生厭惡情緒，甚至離開。

第二個場景中業務人員直接提出成交建議還為時過早。

第三個場景中的應對不能針對顧客的買點和顧慮進行講解而是反覆強調賣點，反而會讓顧客不得要領而產生繼續再看看的想法。

顧客對自己的購買決定常常會猶豫不決，尤其在買高價

第十章　咦？這樣也能成功簽單
　　　　——高 EQ 業務員的「非常手段」

商品時會產生較大的心理壓力，這種壓力對顧客的決策有很大的負面作用。

此時業務人員應探實顧客的最大買點和顧慮所在，有針對性地進行賣點推薦。但是假如不能了解顧客的所思所想以及疑慮所在，業務人員可以用試錯的方法進行各個擊破。

換言之，業務人員可以將整體性的全盤決定變為分散性的逐個決定，一個個地爭得對方同意，讓顧客逐個逐段地拿主意，以試探出顧客的疑點與買點，當逐個決定的分量足以壓倒猶豫時，最後再綜合整體決定，以促成顧客購買決定的達成。例如：

業務人員（如冷氣業務人員）：「總之，不管您買與不買，一定要記得選購冷氣的六個標準……」

無論幾個標準，業務人員所確定的試錯點都必需根據在與具體顧客的互動中所發現的需求範圍進行歸納，不可進行漫無邊際的賣點總結。這時業務人員可以說：

「第一是省電，冷氣是電老虎，能效比是檢驗冷氣效能的最重要的指標。而我們這一款機型的節電能力在行業中名列前茅，這我已經跟您介紹了。」

同時觀察顧客，發現顧客有異議則馬上進行說服，直到出現購買訊號。若仍沒有發出購買訊號，則可進行第二個試探點的試錯。

用試錯大法各個擊破顧客的疑點

「第二是健康,冷氣應該能夠提供天然環保的健康空氣,而不是讓人患上冷氣病。我們這款機型的殺菌功能我也向您介紹了,是非常讓人滿意的。」

健康很重要,放在第二個小問題來強調,同時觀察顧客,發現顧客有異議則馬上進行說服,直到出現購買訊號。若仍沒有發出購買訊號,則可進行第三個試探點的試錯。

「第三,就是外觀,我們這款機型是鈦金外觀,既時尚又氣派。」

外觀是影響時尚消費者購買的一個重要因素,可以放在第三個問題中加以強調。同時觀察顧客,發現顧客有異議則馬上進行說服,直到出現購買訊號。若仍沒有發出購買訊號,則可進行第四個試探點的試錯。

「第四,就是多功能。除了基本的冷氣功能外,是否使用方便也是其中的重點。我說過了,這款機型有獨特的一鍵通功能,讓您使用起來更方便……」

觀察顧客,發現顧客有異議則馬上進行說服,直到出現購買訊號。若仍沒有發出購買訊號,則可進行第五個試探點的試錯。

「第五,就是售後服務保障。這個您放心,這也是我們特別重視的一點……」

第十章　咦？這樣也能成功簽單
─高 EQ 業務員的「非常手段」

講完外觀和功能，接下來便是消費者關注的售後及安裝。觀察顧客，發現顧客有異議則馬上進行說服，直到出現購買訊號。若仍沒有發出購買訊號，則可進行第六個試探點的試錯。

「第六，就是價位。冷氣屬於高級家電，如果真的是物超所值，誰也不在乎多出一兩千元。就像我們這款機型，雖然價格高了點，但是確實物超所值。何況我們這個星期正在搞活動，如果您今天購買，我們還有大禮包贈送。我以上說的六點其實都非常適合您，您看呢？」

業務人員在推銷商談中若出現以下三種情況時可以直接向顧客提出成交請求：

◆ 顧客已有意購買，只是拖延時間，不願先開口

此時為了增強顧客的購買信心，可以巧妙地利用請求成交法適當施加壓力，達到交易的目的。如：「先生，這批貨物美價廉，庫存已不多，趁早買吧，包你會滿意。」

◆ 顧客的擔心被消除之後

商談過程中，顧客對商品表現出很大的興趣，只是還有所顧慮，當透過解釋解除其顧慮，取得其認同時，就可以迅速提出成交請求。如：「先生，現在我們的問題都解決了，你打算什麼時候訂貨？」

◆ 商談中顧客未提出異議

如果商談中顧客只是詢問了產品的各種效能和服務方法，業務人員都一一回答後，對方也表示滿意，但卻沒有明確表示是否購買，這時業務人員就可以認為顧客心理上已認可了產品，應適時主動地向顧客提出成交。比如：「先生，若沒有什麼問題，我就幫您開單吧。」

對顧客製造緊迫感促成交易

我們能隨時從報紙及電視廣告中看到那種限時特價，商場和超市都在運用這種技巧出售商品，不管是彈簧床墊還是冰鎮果汁。的確，限時特價製造的就是一種緊迫感，從而造成人們的壓力感。

任何人買東西都有一個理由，所以為了推銷成功，我們必須向顧客提供他為什麼應當買你的產品的具體理由。如果你的言語中展現不出這一重點，顧客就無法產生立刻購買的動因。我們可以說你的產品存貨不多，顧客不盡快買的話，很可能再也買不到，這樣的說法往往能創造出顧客購買的必要性。比如房地產推銷，我們有必要這樣對顧客說：「我們都明白生意場上『時間就是一切』的含義。你看房價還在不斷飛漲，誰都不想為放棄購買今天的房，而讓明天後悔。」

第十章　咦？這樣也能成功簽單
——高 EQ 業務員的「非常手段」

很多業務人員推銷汽車時，會有這樣一種感覺，那就是顧客本來急於擁有一輛新車，但不知為什麼又猶豫不決。這時作為業務人員可以說：

「我們的車庫裡只剩下一輛這種顏色和款式的車了，如若您想要的話，我可以替您準備好，今天下午就可以取貨。但是，如果您選擇等一等的話，我擔心這輛車會很快被別人買走，我們今天上午就已經賣出了兩輛這樣的車。當然，我們還有另外一個辦法，那就是我打電話聯絡別的業務人員，讓他們替您選一輛，但那樣可能需要等上一個星期，而且，我也不敢保證您就能得到您真正喜歡的車。」

對於那些壟斷性產品或別人不易得到的東西，則更容易製造出緊迫感，因為它是獨一無二的，如果你告訴顧客：「如此不易獲得的珍品，您一旦與它失之交臂，下一秒它將有可能出現在您隔壁鄰居家的客廳裡，成為他炫耀的資本，您會後悔莫及。」一般對方都會心動，並行動起來。那麼，業務人員該怎樣對顧客製造緊迫感呢？

- 採取限時報價的策略；
- 告訴顧客如果他不及時購買，很可能最後就買不到，這可以給顧客一種心理誘導；
- 說出顧客應當買你的產品的具體理由；
- 對獨一無二的產品也要製造緊迫感。

同時，想有效製造緊迫感可以對顧客這麼講：

- 對顧客強調失去時機：「夏季一到，這批襯衫肯定很搶手！」
- 對顧客強調失去便宜：「說不定下個星期就要恢復原價了。」
- 對顧客強調失去熱銷品：「只有這幾件了，剛才還有顧客打來電話要貨呢！」
- 對顧客強調失去時間：「這是一次性處理，不會再有第二次了。」
- 對顧客強調失去服務：「訂貨10件可送貨上門，少於10件則自己來廠提貨。」
- 對顧客強調失去保障：「年內購買則包修包退，年外購買則一概不退！」

每個顧客都懂得時間的重要性，業務人員巧妙運用這一心理，適當對顧客製造緊迫感是非常有效的。

■ 不妨適時給顧客一點「威脅」

顧客在購買產品時，總會抱有一種僥倖的心理，總會覺得業務人員的產品價格肯定還能再低一些，於是便不放棄講價的嘗試。而業務人員在向顧客銷售商品或者與顧客進行談

第十章　咦？這樣也能成功簽單
——高 EQ 業務員的「非常手段」

判的時候，往往都是處於被動地位，說盡產品的好處，費盡力氣地勸說，甚至是乞求，顧客依然無動於衷。即使有購買的意思，顧客還免不了會提出各種異議進行討價還價，或者總是反反覆覆，下不了決心。面對這樣的狀況，實在是讓業務人員頭痛。

此時，如果業務人員做出一些帶有「威脅」性的舉措，讓顧客感覺到有可能失去這項產品的擁有權，這時，銷售活動就有可能因此有所改觀。

顧客總是有一種怕買不到的心理。而這種心理在銷售中也被廣泛利用。例如：很多商家開展的限期促銷活動除了可以創造一種熱烈的銷售氣氛之外，所謂的「限期」也在向顧客傳遞一種「威脅」，暗示消費者如果超過期限就不能享受如此的優惠，因此消費者就會瘋狂搶購，並樂此不疲。而此時，業務人員不妨也學學這些商場的做法，給顧客一點「威脅」。因為顧客一般不主動購買，需要業務人員去說服。有時候，業務人員再能說，再會說，顧客還是無動於衷。面對這種情況，我們必須改變策略，給一個「假如您不買我們的產品，您將受損失」的暗示，有助於打動顧客的心。

小楊是一位保健器材的業務人員，他今天有機會和顧客劉總交談。和劉總寒暄過後，小楊向劉總介紹了自己銷售的保健器材。

劉總說：「年輕人，目前我還沒有這方面的需求啊，如果

不妨適時給顧客一點「威脅」

需要的話，我一定會打電話給你，對了，你的電話號碼是多少？」

小楊知道劉總要下逐客令了。小楊趕緊說了自己的電話，然後接著說：「聽說您的母親就要過七十大壽了，就伯母這身體，再活70年也沒問題！」

劉總嘆道：「哎，雖然平時保養得一直很好，可是畢竟年齡大了，身體一天不如一天了呀。」

小楊說：「老年人保養是沒錯，但還要經常做些運動，一來能增強身體的抵抗力，二來還可以保持一個好心情。」

劉總說：「以前也經常鍛鍊身體，可是今年不行了，她覺得太累，再說我也怕出什麼問題。」

小楊接著說：「我們公司的這套健身器材正好可以幫您解決這個難題。」

接下來，小楊把保健器材的所有好處都說了個遍。當看到劉總已經流露出了購買意願後，他說：「您想想，要是您不能在母親七十大壽的時候送她一件有意義的禮物，伯母一定會感到很失望。我們的保健器材絕對能讓她老人家感受到您的孝心，每次看到它，老人家都會想起自己這個值得紀念的生日。其實啊，這種保健器材業務部只剩下3臺了，您現在要是不買，等您想買的時候恐怕就沒了，只能等公司總部發貨了。錯過了您母親的大壽，那實在是太遺憾了……」

「好吧，你現在就回公司，幫我把這套保健器材送到我辦公室，我還想給我母親一個驚喜呢。」劉總迫不及待地打斷了小楊的話。

第十章　咦？這樣也能成功簽單
　　　　──高 EQ 業務員的「非常手段」

　　當業務人員告訴顧客，如果他們現在不買產品，可能會失去某些利益時，顧客必然會產生或多或少的購買欲望，這顯然比直接告訴他們產品有多麼好更有吸引力。但是要注意，威脅策略最好是和正面說服相結合，否則，容易引起顧客的不安，造成談判的不愉快。畢竟，這個世界上沒有人願意被威脅，顧客更是如此。這裡所說的「威脅」，其實是業務人員對顧客的一種善意的提醒，因此在與顧客進行溝通的過程中，業務人員必須保證自己的暗示是客觀的、實際的，而不可以用謊言來欺騙顧客的感情。業務人員要在尊重和關心顧客的基礎上，有技巧地進行說服，使顧客堅定購買產品或服務的決心。

■ 令顧客無法抗拒的聯想催眠

　　心理學研究顯示，人類的想像力比意志力強十倍。而人之所以會產生聯想，是因為意識或潛意識受到刺激，這種刺激可以是很多形式，比如視覺、聽覺、觸覺、味覺或嗅覺。有時從餐廳裡飄出來的香味，也可以喚起人們對於童年美好的回憶。

　　喚起顧客的聯想，是一個很不錯的銷售方式。

　　一位房地產業務人員帶著一對夫婦去看房子，由於這個房子的狀態不是很好，業務人員有些擔心。當他們在房前停下來，那位女士的視線穿過房子，發現後院有一棵非常美麗

的、正在開花的櫻桃樹。

她立即說:「啊,哈利,看那棵開花的櫻桃樹多美啊!當我還是一個小女孩時,我家後院也有一棵開花的櫻桃樹。離開後我常常會回憶起那個童年的房子,我總想,如果我能夠再次住到一個有正在開花的櫻桃樹的房子裡,那該多好。」她丈夫點了一下頭,握住她的手。

業務人員已經敏銳地注意到這位女士的話了,並判斷出這對夫婦中,這位女士是決策者。

丈夫哈利挑剔地看著房子。他提的第一個質疑是:「看起來我們得把這個房子的地毯換一下。」

業務人員說:「是的,不錯。不過從這裡,只需一眼,您就能穿過餐廳看到那棵漂亮的櫻桃樹。」那位女士立刻從後窗看出去,看著那棵櫻桃樹,她微笑起來。

他們走進廚房,哈利又說道:「廚房有點小,而且管子什麼的有點舊。」

業務人員說:「是的,不錯。但當你做飯時,從這裡的窗子望出去,也可以看到後院裡那棵美麗的櫻桃樹。」

接著,他們走上樓看其餘的房間。哈利說:「牆紙也太老舊了,房間都需要重新粉刷才行,此外,這臥室太小了。」業務人員說:「是的,不過您看,從主臥室那裡,可以輕而易舉地將那棵開花的櫻桃樹盡收眼底。」

看完房子,那位女士心裡對櫻桃樹念念不忘,以至於他們不再想別的東西,購買的決定就這樣做出了。

第十章　咦？這樣也能成功簽單
——高 EQ 業務員的「非常手段」

在這個案例中，這個業務人員敏銳地捕捉到有決策權的女主人對房子後院裡那棵櫻桃樹的鍾情，櫻桃樹讓女主人回憶起了美好的童年時光，這是多麼有誘惑力的地方。接下來，無論男主人怎麼挑剔廚房太小、牆紙老舊，業務人員都能巧妙引導到那棵開著花的櫻桃樹上，從而轉移了女主角對這些不足之處的注意力，總能聯想到美好的童年時代。與其說是櫻桃樹促使了交易，不如說是業務人員成功地利用這棵櫻桃樹將女主角催眠在那個美好童年的時光裡了。

催眠有兩種基本形態，那就是母式催眠與父式催眠。所謂母式催眠就是用溫情去突破被催眠者的心理防線，也就是一種柔性攻勢；父式催眠就是以命令式的口吻釋出指示，讓你感到不可抗拒，而不得不臣服。在催眠過程中，常常根據不同的對象，或同一對象在不同的時間、地點、條件下選擇使用不同的催眠方式。

由此可見，如果在溝通過程中善用聯想指令，就能讓對方發生反應，並且對方會認為指令本就是他自己的想法。在銷售中，業務人員要善於觀察，把握顧客內心深處真正想要的是什麼。在你銷售的每一件產品或每一項服務中，都有一棵「開花的櫻桃樹」。也就是說，在你的產品或服務中有某一個東西或某一個點，一定是顧客真心想擁有的，是顧客潛意識中無法抗拒的。業務人員要做的，就是利用聯想指令，讓顧客反覆確認自己心中真正想要的，從而下定購買的決心。

「劇場效應」將顧客帶入使用情境中

業務並不僅僅是一個職業，更要求一種能力，一種魅力。催眠式的銷售是一個優秀的業務人員必須掌握的銷售技巧，而聯想則是催眠銷售中最重要的應用元素之一。如果你知道怎麼樣有效地去利用刺激與聯想的作用，使顧客的潛意識受到強烈的震撼，你就能夠掌握顧客的反應，進而提升你的銷售效率。

■「劇場效應」將顧客帶入使用情境中

心理學上有個概念叫「劇場效應」，人在劇場裡看電影或看戲，感情與意識容易被帶入劇情之中；另外，觀眾也互相感染，也會使彼此情感趨於一致。因而，成功的業務人員懂得把「劇場效應」運用到推銷活動中，當眾進行產品演示，邊演示邊解說，渲染一種情景氛圍，讓那些本來有反對意見的人和拒絕該產品的人做出購買的決策。

某公司經銷一種新產品——適用於機器設備、建築物清洗的××牌清洗劑。老闆發布任務後，大家紛紛帶著樣品去拜訪顧客。

依照過去的經驗，業務人員向顧客推銷新產品時最大的障礙是：顧客對新產品的效能、特色不了解，不會輕易相信業務人員的解說。

業務人員阿忠卻有自己的一套辦法。他前往拜訪一家商

第十章　咦？這樣也能成功簽單
——高 EQ 業務員的「非常手段」

務中心大樓的管理員，對那位管理員說：「您是這座大樓的管理員，您一定會對既實惠效果又好的清洗劑感興趣吧。就貴公司而言，無論是從美觀還是從衛生的角度來看，大樓的明亮整潔對企業形象塑造來講都是很重要的，您說對吧？」

那位負責人點了點頭。阿忠又微笑著說：「xx 就是一種很好的清洗劑，可以迅速地清洗地面。」同時拿出樣品，「您看，現在向地板上噴灑一點清洗劑，然後用拖把一拖，就乾乾淨淨了。」

他在地板上的汙跡處噴灑了一點清洗劑。清洗劑滲透到汙垢中，需要幾分鐘時間。為了不使顧客覺得時間長，他繼續介紹產品的效能以轉移顧客的注意力。「xx 清洗劑還可以清洗牆壁、辦公桌椅、走廊等處的汙跡。與同類產品相比，xx 清洗劑還可以根據汙垢程度不同，適當地用水稀釋幾倍，它既經濟方便，又不腐蝕地板、門窗等，您看──」他伸出手指蘸了一點清洗劑，「連人的皮膚也不會傷害。」

說完，阿忠指著剛才浸泡汙漬的地方說：「就這短短的幾秒鐘，您看效果：清洗劑浸透到地面上的坑窪中，使汙物浮起，用溼布一擦，就乾淨了。」隨後拿出一塊布將地板擦乾，「您看，多乾淨！」

接著，他又掏出白手絹再擦一下清洗乾淨的地方：「看，白手絹一塵不染。」再用白手絹在未清洗的地方一擦，說：「您看，髒死了。」

阿忠巧妙地把產品的優異效能展示給顧客看，顧客為產品優異的效能所打動，於是生意成交了。

這個案例中的清洗劑業務人員，面對顧客對產品不熟悉的情況，沒有單純地採用「說」的推銷方法，而是一邊為顧客演示產品一邊解說，把產品的效能充分展示給潛在顧客，當顧客感知到這確實是一種好產品時，生意就成交了。

好的演示常常勝過雄辯。在推銷過程中，如果能讓顧客親自做示範，那你就不要動。讓顧客做，把他們置身於情景當中，也是非常有效的辦法。

國家圖書館出版品預行編目資料

FAB 銷售法則，高 EQ 讓商品快速增值：主動關心 × 聆聽抱怨 × 親身示範 × 解除疑慮，那些顧客沒說出口的話，身為業務員不可忽視！/ 金文 著. -- 第一版. -- 臺北市：樂律文化事業有限公司, 2024.11
面；　公分
POD 版
ISBN 978-626-7552-80-3(平裝)
1.CST: 銷售 2.CST: 顧客服務 3.CST: 顧客關係管理
496.5　　　　　　　　113017432

FAB 銷售法則，高 EQ 讓商品快速增值：主動關心 × 聆聽抱怨 × 親身示範 × 解除疑慮，那些顧客沒說出口的話，身為業務員不可忽視！

作　　者：金文
責任編輯：高惠娟
發 行 人：黃振庭
出 版 者：樂律文化事業有限公司
發 行 者：崧博出版事業有限公司
E-mail：sonbookservice@gmail.com
粉 絲 頁：https://www.facebook.com/sonbookss/
網　　址：https://sonbook.net/
地　　址：台北市中正區重慶南路一段 61 號 8 樓
8F., No.61, Sec. 1, Chongqing S. Rd., Zhongzheng Dist., Taipei City 100, Taiwan
電　　話：(02) 2370-3310　　傳　　真：(02) 2388-1990
律師顧問：廣華律師事務所 張珮琦律師
定　　價：375 元
發行日期：2024 年 11 月第一版
◎本書以 POD 印製
Design Assets from Freepik.com